"十三五"职业教育国家规划教材

十三五高等院校
艺术设计规划教材

移动 UI 交互设计

微课版

夏琰 主编

余燕 周晓红 副主编

人民邮电出版社

北京

图书在版编目（CIP）数据

移动UI交互设计：微课版 / 夏琰主编. -- 北京：
人民邮电出版社，2019.8（2022.7重印）
（现代创意新思维）
十三五高等院校艺术设计规划教材
ISBN 978-7-115-50856-0

Ⅰ. ①移… Ⅱ. ①夏… Ⅲ. ①移动终端－应用程序－
程序设计－高等学校－教材 Ⅳ. ①TN929.53

中国版本图书馆CIP数据核字(2019)第033968号

内 容 提 要

本书以理论与项目实战相结合的方式，详细讲解了移动 UI 的设计与制作方法。全书共 4 章，第
1 章为 UI 设计概述，包括 UI 设计的概念、UI 设计的流程、UI 设计的规范；第 2~4 章分别为主题图
标设计、界面设计、交互设计，内容包括概述、设计流程、设计规范、项目实战和案例欣赏等。本
书理论知识由浅入深，同时注重理论与实践相结合，通过真实项目引领，分析、阐述设计制作过程，
特别适合作为 UI 设计初学者的入门教材。

本书适合作为高等院校、高职高专院校移动 UI 设计与制作相关课程的教材，也可供 UI 设计从
业人员自学参考。

◆ 主　　编　夏　琰

　　副 主 编　余　燕　周晓红

　　责任编辑　桑　珊

　　责任印制　马振武

◆ 人民邮电出版社出版发行　　北京市丰台区成寿寺路 11 号
　　邮编　100164　　电子邮件　315@ptpress.com.cn
　　网址　http://www.ptpress.com.cn
　　天津市豪迈印务有限公司印刷

◆ 开本：787×1092　1/16
　　印张：9.25　　　　　　　　　　2019 年 8 月第 1 版
　　字数：163 千字　　　　　　　2022 年 7 月天津第 9 次印刷

定价：55.00 元

读者服务热线：**(010)81055256**　印装质量热线：**(010)81055316**
反盗版热线：**(010)81055315**
广告经营许可证：京东市监广登字 20170147 号

前言
PREFACE

　　UI 设计也称为用户界面设计，所面向的领域主要包括平面媒体设计、Web 界面设计、移动界面设计、交互设计和互联网产品设计等，从事 UI 设计的人员称为 UI 设计师。

　　由于 UI 设计进入我国的时间较晚，因此 UI 设计行业在我国的发展尚处于起步阶段。目前，开设 UI 设计相关教学内容的院校数量有限，市面上与 UI 设计相关的教材也为数不多，整体上缺乏良好的学习资源，缺少交流的环境，导致真正高水平的、能充分满足市场需要的 UI 设计师成为紧缺人才。

　　本书主要面向移动界面设计领域进行编写。编者根据多年的教学和研究经验，结合 UI 设计学习的特点，将移动 UI 设计教学内容细化为 4 章，从 UI 设计概述、主题图标设计、界面设计、交互设计几方面循序渐进、详细介绍移动 UI 设计的相关知识。其中，第 2~4 章是本书的重点部分。

　　本书理论知识的介绍由浅入深、通俗易懂，通过图文并茂的形式，帮助读者理解和吸收相关知识，并提供了相关的设计案例用于对知识的强化，读者可扫码进行查看。本书还注重理论与实践相结合，采用"教、学、做一体化"的理念，通过真实项目引领，详细分析、阐述主题图标设计、界面设计、交互设计的设计思路和制作过程。同时，为方便读者使用，书中全部案例均提供免费的教学视频，读者可扫码进行观看和学习。此外，第 2~4 章还安排了课后习题，对读者提出相应的自学要求并进行必要的指导，以帮助读者理解和运用所学知识。

　　本书参考学时为 64 ～ 96 学时，建议采用理论实践一体化的教学模式。

　　本书由夏琰任主编，余燕、周晓红任副主编。夏琰负责全书的总体策划和编写工作，余燕、周晓红负责案例整理、视频录制等工作。

　　移动 UI 设计发展速度很快，书中有些内容在数据或规范要求上可能出现更新不及时的现象，敬请读者谅解。实际上，无论移动 UI 设计如何发展，其简洁、易用、高效的宗旨是不会变的，读者可以通过对本书的学习，掌握 UI 设计的精髓，并在实践中加以应用。

编者

2019 年 1 月

目 录
CONTENTS

02 主题图标设计

界面设计

03

01

UI 设计概述

UI设计已经成为移动端产品设计的重要组成部分。

通过本章的学习，可以从总体上了解以下内容。

1. UI设计的概念。

2. UI设计的流程。

3. UI设计的规范。

UI设计最早从2000年传入中国，国内最早成立UI设计部门的公司是金山公司。该公司出品的产品（如影霸、毒霸等）在软件行业中曾首屈一指，同时因为重视UI的开发，使得其开发的产品在同类软件产品中更加突出。可以看出，在激烈的市场竞争中，要想战胜对手，仅仅拥有强大的功能还是不够的，还应该积极开展用户研究与使用性测试，将易用性与美观性相结合。有时候，商家只要在产品美观和易用设计方面做很小的投入，就可能会得到很大的产出。

1.1 ｜ UI设计的概念

有人认为"UI设计等于网页设计"，更有人认为"从事UI设计的人就是美工"，实际上，这些理解都是狭隘的、不正确的。

UI是"User Interface"的缩写，译为用户界面。UI设计是指对软件的人机交互、操作逻辑、界面美观的整体设计。好的UI设计不仅要让软件变得有个性、有品位，还要让软件的操作变得舒适、简单、自由，充分体现软件的定位和特点。

UI设计现已成为屏幕产品（包括能在计算机、手机、Pad等设备上运行的各种产品）的重要组成部分，如图1-1所示。UI设计是一个复杂的、有不同学科参与的工程，认知心理学、设计学、语言学等在其中都扮演着重要的角色。

图1-1　UI设计

从事UI设计工作的人称为UI设计师，主要负责以下工作。

（1）软件界面的美术设计、创意和制作工作。

（2）根据各种相关软件的用户群，提出构思新颖、有高度吸引力的创意设计。

（3）对页面进行优化，使用户操作更趋于人性化。

（4）维护现有的应用产品。

（5）收集和分析用户对于GUI（Graphical User Interface，图形用户界面）的需求。

1.2 | UI设计的流程

UI设计不光要研究产品的外形、图形界面，还要研究产品的交互设计，并且确立交互模型、交互规范，同时要测试交互设计的合理性及图形设计的美观性等。也就是说，UI设计包括了界面设计、交互设计与用户研究3个部分。因此，UI设计师的基本工作流程可以分为图1-2所示的几个阶段。

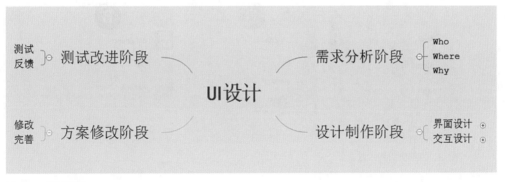

图1-2 UI设计流程

1.2.1 需求分析阶段

需求分析阶段主要是分析产品用户的需求及同类产品的优、缺点。

产品用户的需求包括产品的使用者、使用环境及使用方式的需求，如面对儿童开发的产品和面对家长开发的产品就是完全不同的两个概念，电脑上使用的软件和手机上使用的软件就不能使用同一款设计等。也有人将需求分析总结为3W，即Who、Where、Why，也就是什么人用、在什么地方用、为什么用，其中任何一个元素发生改变，结果都会有相应的改变。

所谓"知己知彼、百战百胜",要设计一个产品的UI,了解同类产品的优势和不足是非常重要的。例如,我们要设计一款用于网上聊天的软件,就可以将QQ、微信、易信等同类产品进行调研,总结出各款产品的特点,找到自己设计的切入点。当然,适合于最终用户的设计才是最好的设计。

1.2.2 设计制作阶段

在需求分析的基础上,我们进入设计制作阶段。设计包括界面设计和交互设计,且要形成设计方案。界面设计当然以美观为主,要有创新,在同类产品中能够脱颖而出。界面设计包括启动界面、主界面、详情界面等代表性界面的设计。交互设计要分析产品必需的功能、内容,根据需要制作低保真模型或高保真模型,也可通过原型工具来规划流程。如果有条件的话,可以在设计时,多设计出几套不同风格的方案用于备选,如图1-3所示。

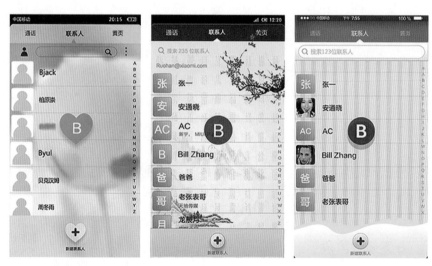

图1-3 不同风格的方案

1.2.3 方案修改阶段

设计方案提交给客户后,需要与客户进行沟通,根据客户的需求来修改设计。我们在尽量满足客户要求的基础上,也要考虑其要求的功能或技术是否可行。例如,有些客户的修改意见,在方案规定时间内是难以完成的。可能完成时间需要3个月,但是最后客户却要求在2个月内交稿,这时这些功能就可以待产品下次改版或升级时再实现。

1.2.4 测试改进阶段

在设计方案通过并交付以后,就可以将产品推向市场了。但是设计并没有结束,我们还需要跟踪了解用户的测试与反馈。好的设计师应该在产品上市以后主动接近市场，在第一线零距离接触最终用户，了解用户实际使用时的感想，为以后升级版本积累经验。

1.3 | UI设计的规范

在进行产品的UI设计时，要遵循统一的规范，不管是按钮、控件、颜色，还是布局风格等，都要遵循统一的标准，让用户使用起来有统一感，不觉得混乱；同时，还要建立起精确的心理模型，使用户对一个界面使用熟练后，切换到另外一个界面也能轻松地推测出各种功能，不需要浪费时间和精力去分析和理解新的界面。

一般在进行UI设计时，会由项目组有经验的人士或是项目经理确立UI规范，从而使所有参与人员了解规范，降低时间成本和培训成本，如图1-4所示。

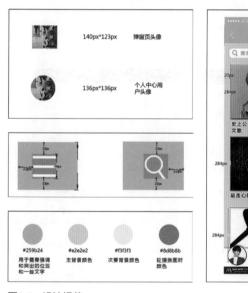

图1-4 设计规范

UI设计的规范总体来说，主要包括用户控制原则、一致性原则、简单美观原则、布局合理原则、响应时间合理原则等。

1.3.1 用户控制原则

UI设计的一个重要原则是永远以用户体验为中心，让用户总是感觉在控制软件而不是感觉到被软件所控制。

（1）操作上要让用户扮演主动角色，在需要自动执行任务时，要以允许用户进行选择或控制它的方式来实现该自动任务。

（2）要提供用户自定义设置。每个用户的需求和喜好不一样，要使产品满足不同用户的个性需求，就要为用户提供类似于颜色、字体或其他选项的设置，如图1-5所示。

（3）要让用户感觉自己是聪明的，对于软件的操作是顺利的、易于理解的。同时，出错界面要友好，让用户对产品有好感。

图1-5　用户自定义设置

1.3.2　一致性原则

一致性原则包括两个方面：一是尽可能允许用户将已有的知识运用到新产品中；二是在同一产品中的相同元素或术语要保持一致。

允许用户将已有的知识传递到新的任务中，可以方便用户更快地学习新事物，并将更多的注意力集中到任务上，从而使用户不必花时间来尝试记住交互中的不同，进而产生一种稳定、愉快的感觉。例如，要开发一款购物程序，假设在这之前，用户在其他购物网站或程序中已经有过购买经验，那么我们就可以使用相同或相似的名称来命名操作行为。例如在选择商品时，好多网站或程序都将购物车设计成储存商品的容器，那么我们在开发购物程序时，也可以使用购物车或购物篮等来使用户快速明白这个操作行为的含义，方便其使用。

在同一款产品中，要使用一致的外观、字体、手势、命令等来展示同样的功能或信息，具体如下。

（1）外观。一致的外观使用户界面更易于理解和使用，界面上的控件看起来应该是一致的。

（2）字体。保持字体及颜色一致，避免一套主题出现多个字体，我们可以用不同的字号来显示内容的层级关系。对于不可修改的字段，最好统一用灰色文字显示。

（3）手势。在手机或Pad程序中，通常会用手势进行操作，如放大/缩小、快进/快退、音量等手势控制应保持一致，从而带给用户好的使用体验。

（4）命令。要使用同样的命令来执行对于用户来说相似的功能。例如，在同一个产品中，如果要实现"编辑"功能，就在各处出现相似功能时都使用"编辑"字样，而不要出现"修改""设置""调整"等容易混淆的词汇。建议在项目开发阶段建立一个产品词典，它包括产品中常用术语及描述，设计或开发人员应严格按照产品词典中的术语词汇来展示文字信息。

图1-6所示的3个界面就很好地体现了一致性原则，其主要的颜色、分割的线条、使用的字体等视觉元素都是一致的。

图1-6　一致性原则

1.3.3　简单美观原则

任何产品或程序的UI设计都应该是简单、易于掌握和使用的。实际上，扩大功能和保持简单存在一定的矛盾性，一个有效的设计应该尽可能平衡这些矛盾。支持简单性的一种方法就是将信息减到最少，只要能够进行正确交互即可，不相关或冗长的元素会扰乱设计，使用户难以方便地提取重要信息。例如，在开发一个运行在手机上的播放器程序时，在启动界面可以提示用户"如果要调整音量，可以用手指向上滑动放大音量，向下滑动缩小音量"。这些提示信息很详细，但是启动界面的时候可能只有2~5秒，而相似的提示信息（如快进/快退等）可能还有几条，用户难以在短时间内阅读完毕，更不要提掌握它们的使用方法了。如果我们将这些信息简化，借助手势图和方向箭头来表示，加以简单的文字说明（如"音量控制"），就可很好地展示出使用信息，也可使用户在最短的时间内掌握使用该程序的方法，如图1-7所示。

　　图1-7　简单、便捷的提示信息　　图1-8　简单、美观的界面设计

　　美观是UI设计的重要因素，不论是在何种设备上运行的程序，美观与否是用户对程序的第一印象。出现在界面上的每一个视觉元素都很重要，图形的创意、颜色的运用、可视化设计的技巧都是构成美观的界面必不可少的要素，它们互相搭配，共同提升用户的视觉体验，提高用户的使用满意度，如图1-8所示。

1.3.4　布局合理原则

　　在进行UI设计时需要充分考虑布局的合理化问题，一般提倡多做"减法"运算，将不常用的功能区块隐藏，有利于提高软件的易用性及可用性。布局的合理化包括很多方面，具体如下。

　　（1）要遵循用户从上而下、自左向右的浏览、操作习惯。

　　（2）要注意将用户常用的功能按钮排列紧密，不要过于分散，以避免造成用户手指移动距离过长的弊端。

　　（3）确认按钮一般会放置在页面左边，取消或关闭按钮一般放置于页面右边。

　　（4）所有文字内容和控件元素避免贴近页面边缘。

　　（5）页面布局设计时应避免出现横向滚动条。

　　总体来说，布局设计是为了提升用户的使用体验，最适合用户使用的布局设计才是最合理的。图1-9所示的布局设计就很合理，信息浏览区域明显，操作简单，按钮位置符合使用习惯。

图1-9　布局合理化

手机和Pad设备对布局都有一些特殊的规范，我们会在第3章界面设计中详细介绍。

1.3.5　响应时间合理原则

系统响应时间应该适中，响应时间过长，用户就会感到不安和沮丧；而响应时间过短也会影响到用户的操作节奏，并可能导致错误。因此，在系统响应时间上应该坚持以下原则。

（1）用户操作后，要在2~5秒内显示处理信息提示，避免用户误认为没响应而重复操作。

（2）如果在加载信息或启动程序时超过5秒，应该添加进度条或进度提示，避免用户产生焦躁心理。

1.4 | 本章小结

本章概括性地介绍了UI设计的概念、UI设计的流程，以及UI设计的规范，使读者对UI设计有了初步的认识，对其设计的方法和规范有了大体的了解，可以为后续的学习奠定基础。

02

主题图标设计

主题图标是指手机系统的功能图标，是手机最具个性的一个方面。通过本章的学习，可以掌握以下内容。

1. 图标设计的分类。

2. 图标设计的原则。

3. 图标设计的流程。

4. 图标设计的规范。

2.1 | 图标设计概述

扩展图库

图标的应用

图2-1 图标提升可用性和视觉效果

（a）

（b）

图2-2 图标的辩识度

我们在使用手机、Pad、智能手表等液晶显示设备的时候，会发现其上有大量的图标，如图2-1所示。这些图标比文字描述更直观、美观，并能提升软件、功能的可用性，极大地提升了视觉效果。

苹果用户体验设计师Mike Stern对于UI和应用图标的重要性这样解释："用户并不会根据你使用了多少技术，或是整合了多少API（Application Program Interface，应用程序接口），或是你使用的代码有多厉害而去对应用做出评价。他们在意的是你的应用能用来做什么，会给他们带来什么感受。用户期待你的应用能为他们带来直观、美妙甚至不可思议的体验。"可见，除了软件实现的功能，用户对图标、界面等视觉元素及交互功能的设计也十分关注。因此，图标设计在整体软件设计中是十分重要的。

那么，什么是图标呢？有很多人认为图标就是图像，其实，这个说法有些狭隘。图标既可以包含图像，也可以是一个文本、一个LOGO，又或是这些元素的组合。所以，准确地描述图标，它应该是一组具有高度浓缩性、能快捷传达信息、便于记忆的图形。

在设计图标的时候，要注意它的美观性和实用性，二者互相兼顾，才能得到最好的设计效果。一些初学设计的人，往往过于关注图标是否精美，将精力过多地放在图标的修饰上，而忽略了图标的实用性。这样设计出来的图标在比赛中也许可以得到奖项，但是在实际应用中却不可行。例如，我们要设计一款关于技能明星的图标，图2-2所示的两个图标都是设计方案，就辩识度来说，图（a）显然比图（b）表示的含义更正确。

所以，只有对图标的使用环境、所要实现的功能有清晰的把握，才能设计出辩识度高、易于用户理解的图标。

2.1.1 图标设计分类

按照功能分类，图标可以分为启动图标、应用图标和功能图标，如图2-3所示。

按照设计风格分类，图标可以分为剪影图标、扁平图标和拟物图标，如图2-4所示。

启动图标

应用图标

图2-3 按功能分类

功能图标

剪影图标

扁平图标

拟物图标　　图2-4 按设计风格分类

2.1.2　图标设计原则

1.可识别性原则

可识别性原则应该是图标设计中首先应该遵循的原则。就是说，设计的图标要能准确地表达相应的操作，让初次使用该产品的用户能够一看就懂，尽量避免误导性、歧义性。图2-5所示的一组图标，其可识别性原则就体现得特别好，形状简单、效果简洁，甚至不需要汉字释义，就能够清楚地知道该图标所代表的操作。

由Adobe公司开发的Photoshop软件，是业界公认最好的图形图像处理软件之一。如果从图标设计的角度来看这款软件，其图标简洁实用、可识别性高的优点也极为突出，每个工具、命令的图标都清晰地表达了其所代表的操作，值得初学者研究、借鉴，如图2-6所示。

扩展图库
图标的可识别性

图2-5　图标的可识别性

图2-6　Photoshop的操作图标

2.差异性原则

一组图标会出现在同一个手机的主题中、同一个应用程序中，这种同一性要求这组图标有共性。例如，图2-7所示的图标，它们的外形一致，颜色的亮度、饱和度一致，所以它们被认为具有共性。

图2-7　手机主题图标

扩展图库
图标的差异性

但是，强调共性的同时，不能忽略图标之间的差异性。因为每个图标代表的含义和操作是不相同的，如果过于强调共性，就会让差异性弱化，从而分不清每个图标的区别。如图2-8所示，前面两个图标的相似度过高，差别的区域过小，一旦图标缩小，就会很难辨认，后面两个图标也存在同样的问题。

图2-8　图标设计

因此，在设计图标时，要有合理的规划，既强调共性，又突出个性，这样才能使其成为一套优秀的设计作品。

3.合适的精细度

设计图标时，过于简单或过于复杂，都不是很合适。图2-9所示的一组关于"设置"的图标中，A图标过于简单，几乎看不到图形的变化；B、C、D图标虽然有颜色、细节表现等方面的区别，但是都属于能够接受的精细程度，可以表示该图标所代表的操作；E图标在细节表现上非常细致、逼真，但是应用到图标设计当中，却显得过于累赘，尤其是当图标尺寸变小的时候，更容易看不清其细节。所以，5个方案中，B、C、D方案是可取的。

从上面的分析可以看出，图标的可用性随着精细度的变化过程，是一个类似于波峰的曲线，如图2-10所示，该坐标的横轴表示图标的精细度，纵轴表示图标的可用性。从图中可以

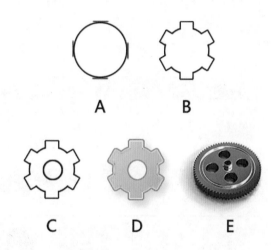

图2-9　图标的精细度

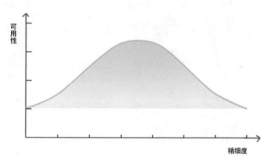

图2-10　波峰曲线

看出，当图标的精细度为零时，图标几乎没有可用性，随着精细度的逐渐增大，图标的可用性也会逐渐增强；而精细度过大时，反倒会影响图标的可用性。

4.风格统一

所谓图标的风格，表现为对图标题材选择的一贯性和独特性、对图标主题思想的挖掘，也表现为对创作手法的运用、塑造形象的方式、对艺术语言的驾驭等方面的独创性。对于一套图标来说，如果图标的视觉设计协调统一、选用元素的出处统一，我们就说这套图标具有自己的风格。图2-11所示的两套图标，上面的图标取材于糕点，下面的图标取材于中国古典元素，我们就说它们都有自己统一的风格。

扩展图库

图标的风格

图2-11 图标的风格统一

图标的风格有很多种，在设计图标之前，首先要考虑风格的定位，如要设计的图标是简约的，还是精致的；是平面的，还是立体的；是古典的，还是现代的；是写实的，还是卡通的；是单色的，还是多彩的；是抽象的，还是具体的……只有先将风格定位做好，才能着手进行图标的设计与制作。

2.2 | 图标设计流程

设计一套图标，一般会遵循"确定图标风格—图标草图绘制—图标电脑制作—主题界面制作"这一流程来进行。

2.2.1 确定图标风格

图标设计看上去很简单，实际上要设计出高质量、有特色的图标并不容易。前面我们提到过设计图标要统一风格的问题。图标设计的风格没有固定的形式，也没有所谓的对错，甚至流行的设计趋势会反复，有时流行复古风格，过一段时间又流行现代风格。现在我们使用的手机、Pad中，图标的扁平化设计成为流行趋势，强调图标的简洁性、寓意性，去除冗余、厚重和繁杂的装饰效果，让图标所表述的功能本身作为核心被凸显出来，图2-12所示的一套小米手机图标就是典型的扁平化设计风格。

图2-12　扁平化设计风格

在开始设计图标之前，考虑好图标的风格非常重要，这样能够保证在设计每个图标时都能遵循这个风格。2016 年，MBE 风格图标风靡一时，红遍追波、站酷等设计平台，如图 2-13 所示。MBE 风格是从线框型 Q 版卡通画演变而来的，相比没有描边效果的扁平化风格插画而言，去除了里面不必要的色块区分，更简洁、通用、易识别。粗线条的描边起到了对界面的绝对隔绝作用，突显内容、表现清晰、化繁为简。

MBE 风格图标的统一性表现在设计手法上，因为对于很多初学者来说，对风格统一的把握并不是很容易，所以可以尝试在图标的外形上寻求统一。图 2-14 所示的两套图标，每套图标的外形都是一致的，在统一的外形中再添加元素对图标进行区分。在设计这种类型的图标时，要注意图标的差异性原则，要能够很容易地辨识出每个图标所代表的含义。

图标设计风格统一的另一种常用表现手法就是统一图标设计元素的出处，它们可以选自于同一个时代、同一部电影、同一个环境……将这些图标设计成拟物化的图形，

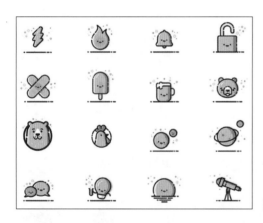

图2-13 MBE风格图标

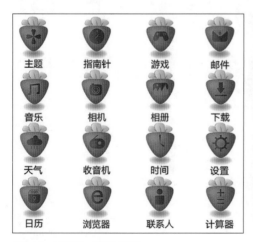

图2-14 外形统一的图标设计

图2-15 同一时代的图标设计

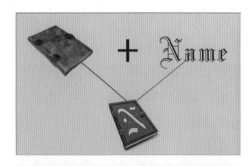

图2-16 设计过程

也能够带来很好的设计效果。图2-15所示的一套图标，灵感来源于西方中古时代，是以当时的物品为原型提取其特征并适当加入新的设计元素设计出来的，其设计过程如图2-16所示。

2.2.2 图标草图绘制

在确定了图标风格之后，就可以进行草图绘制了。所谓草图绘制，就是指手绘图标的设计草稿。手绘是一切造型艺术的基础，有利于把握好形体、空间、明暗关系，是图标设计不可缺少的部分。图2-17所示即图2-15的手绘图稿，它是后期电脑制图的基础。

扩展图库

手绘图标

图2-17 手绘草图

对于设计师来说，手绘的重要性是不可替代的，因为手绘是设计师表达情感、表达设计理念、表述方案结果的最直接的"视觉语言"。不论设计什么项目，初期寻找灵感来源、形成具体设计思路之前，都可借助手绘稿来整理思路、进行创意实现，这种方法速度快、效率高、容易修改。图 2-18 所示就是一些草图的绘制效果。

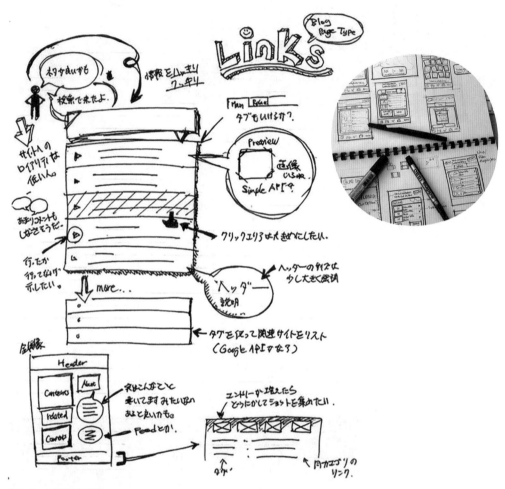

图2-18　手绘的重要性

相对于游戏原画设计、建筑设计、工业设计等设计行业来说，图标设计对手绘的要求并不高，更多的是对一些构成原理的运用。

在进行图标手绘的过程中，素描的表现手法是基础。用素描的方法表现出图标的造型、结构、透视和明暗关系，就基本可以满足图标的手绘要求了，如图 2-19 所示。因为篇幅有限，素描的相关知识在这里就不介绍了，有兴趣的读者可以参考相关的书籍进行了解。

图2-19 手绘图标

2.2.3 图标电脑制作

　　完成了图标的手绘草图之后，可以用电脑制图软件完成图标效果图

的制作。常用的制作图标的软件是Adobe公司开发的Photoshop和

Illustrator，如图2-20所示。

扩展图库

电脑制作图标效果

　　Photoshop软件主要用于处理位图，用它制作的图像色彩丰富细腻、

光影变化流畅、羽化过渡自然，其拥有的功能强大的滤镜和图层样式为

图像增添了无穷的变化效果。Illustrator软件主要用于处理矢量图像，在文字排版、路

径造型、路径修改等方面优势突出。所以，在制作图标时，可以依据情况确定使用哪

款软件。图2-21所示的两个图标，左侧图标的纹理效果逼真，光影效果变化比较多，

用Photoshop软件来完成就比较合适；右侧图标的效果简单，有一些路径形状的变化，

所以可以使用Illustrator软件来制作。

图2-20 图标制作软件　　　　　　　　　图2-21 图标效果图

当然，两个软件的使用并不是绝对地有所区分，我们在作图时，经常会将两个软件结合使用。有人说，Photoshop与Illustrator是平面设计的两根筷子，少了哪一根都吃不到饭。这个比喻虽然有些夸张，但是形象地说明了二者在制图过程中可以优势互补，我们可以利用这两个软件的各自所长来达到制图的目的。例如，图2-22所示的图标效果，在制作的过程中，整体的形状、大小的变化可以使用Illustrator软件来实现，渐变、明暗变换则可以使用Photoshop软件来修饰，两个软件相结合，就可以完成对该图标的制作了。

图2-22　软件结合使用效果

图标的电脑制作部分可以依据前期的手绘草图进行绘制，如果草图绘制得非常精细，可以将手绘图纸扫描或拍照，将照片放到Photoshop软件中处理后，利用"钢笔"工具勾边、上色、处理效果，则会省去很多时间。

2.2.4　主题界面制作

手机主题包括整个手机系统的整体风格，它相当于一个程序包，如果更换主题，可能会同时更换个性主题的图标、壁纸、屏保、开关机动画等。

扩展图库

主题界面

在完成图标的设计制作之后，依据不同手机系统的尺寸要求，我们可以进行与图标相配套的主界面、解锁界面、锁屏界面、短信界面、拨号界面等效果图的制作。图2-23所示就是一套古风主题界面，其整体风格、设计元素、选用的素材都是与图标设计的风格相一致的。

图2-23　主题界面制作

2.3 │ 图标设计规范

图标设计在强调设计创意的同时，还要注重图标设计的规范性，其中包括适合手机系统的制作规范、常见注意事项等内容。

2.3.1　系统规范

这里所说的图标设计，其实是用于手机和Pad系统的图标及主题设计。手机系统是指运行在手机上的操作系统。常见的手机系统有iOS、Android、Windows Phone、

BlackBerry、Firefox OS等，对于国内手机用户来说，主要使用iOS和Android两种系统，如图2-24所示。

图2-24 主题界面制作

苹果公司的手机和数码产品使用的都是iOS的手机系统，使用Android手机系统的手机有很多，如HTC、三星、中兴、华为等。两个系统的软件开发工具不同、平台不同，其UI设计的规范也有所区别。就图标而言，iOS系统和Android系统的图标大小、命名规范都不相同。

1.iOS系统图标制作规范

这里主要以苹果公司的iPhone和iPad为例进行说明，如图2-25所示。在iOS系统历来的图标演变过程中，许多看似不明显的变化实际上都在潜移默化中引导着图标设计风格和设计方法的演变。自iOS7开始，苹果图标设计采用扁平化风格并延续至今。

图2-25 iPhone和iPad

iOS系统图标的命名与尺寸如表2-1所示。

表2-1　iOS系统图标的命名与尺寸

后缀	适用机型	屏幕密度	图标尺寸
@1x	iPhone1-3G	320px×480px	
@2x	iPhone4-8	640px×960px(iPhone4) 640px×1136px(iPhone5) 750px×1334px (iPhone6/7/8)	120px×120px（APP） 1024px×1024px（APP Store）
@3x	iPhone Plus/iPad	1242px×2208px	180px×180px（APP） 1024×1024px（APP Store）

一般iOS系统的图标以"Icon@1x.png""Icon@2x.png""Icon@3x.png"这样的形式命名，其中@1x、@2x、@3x可以简单地理解为倍数关系，@3x是@1x的3倍。例如，我们使用750px×1334px（iPhone6/7/8）尺寸做设计稿，那么切图输出就是@2x，缩小2倍就是@1x，扩大1.5倍就是@3x。最标准的适配方式就是在图标完成后保存3套图，程序运行会自动选取对应的图片。

在设计iOS系统的图标时，要按照系统对于图标的标准尺寸来进行相应的设置和操作。例如，iOS系统中所有图标的圆角效果不是准确的半径值，提交图标时不需要圆角裁剪，而是由系统处理生成的。

2.Android系统图标制作规范

使用Android系统的设备众多，屏幕的参数多样化，所以进行图标设计时需要考虑屏幕密度和图标大小的问题。同一个图标在高密度的屏幕上要比在低密度的屏幕上看起来小，为了让这两个屏幕上的图片看起来效果差不多，可以采用以下两种方法：一是程序将图片进行缩放；二是为这两个屏幕的手机各提供适应屏幕密度的图片。从效果上比较，前者势必会出现失真、细节缺失等问题，而后者应该是可行的。

但是如果为每一个密度的屏幕都设计一套图标，工作量大且不能满足程序的兼容性要求。为了简化设计且兼容更多的手机屏幕，平台依照屏幕尺寸和屏幕密度进行了区分，如表2-2所示。

表2-2　Android屏幕尺寸和屏幕密度

屏幕尺寸	屏幕密度（分辨率）	图标尺寸（例）
小	低（120dpi）	36px×36px
正常	中（160dpi）	48px×48px
大	高（240dpi）	72px×72px
特大	超高（320dpi）	96px×96px

从表中可以看出，针对不同的屏幕密度需要设计出尺寸有所区别的图标。例如，在160dpi屏幕上的48px×48px的图标，在240dpi屏幕上的大小应调整为48px×（240/160）=72px。

也就是说，在设计Android系统的图标时，可以为表2-2中的4种普遍使用的屏幕密度都创造一套独立的图标。然后，把它们储存在特定的资源目录下。当应用程序运行时，Android平台将会检查设备屏幕的特性，从而加载特定密度资源目录下相应的图标。

2.3.2 设计制作规范

从图标的设计角度来说，iOS和Android这两个系统在设计制作规范上越来越通用，目前很多Android系统的应用偏iOS系统的风格，也就是说基本都是采用一套iOS设计模板来适配Android系统。

创意设计是无限的，但由于图标设计的特殊性，仍有一些需要注意的问题。

1.光源方向统一

图标的常用光源有顶光源、面光源和45度角光源3种，如图2-26所示。在设计一组图标时，必须保证光源方向是一致的，如图2-27所示。

顶光源

面光源

45度角光源

图2-26　光源方向

图2-27　光源方向统一

扩展图库

图标光源一致

2.裁切区域和安全区域

将制作的图标上传到系统平台时，会依据平台要求进行裁切。所以，要保证图标的主体部分控制在不被裁切的区域，就是所谓的安全区域。例如，小米V5系统主题图标的尺寸要求是136px×136px，图2-28所示的外边深色区域就是图标的裁切区域，而中间浅色的安全区域应该是120px×120px。

为了图标能够正确显示，在设置图标大小的时候，要依据裁切区域和安全区域的大小来进行调整。我们还以图2-28中裁切区域和安全区域的表现方式来观察图2-29所示的两款图标效果。可以看出，A图标的大小比较合适，图标的主体都在安全区域内，裁切后不会影响图标的效果；而B图标显然超出了安全区域的范围，在裁切后就会缺失图标的部分内容，造成图标的不完整，影响整体效果。

为了让图标呈现出最优的显示效果，还要避免图2-30中出现的几种问题，主体过小或过大、主体部分模糊、主体重心偏移等都是不合适的，要根据安全区域调整图标主体所占的比例，效果如图2-31所示。

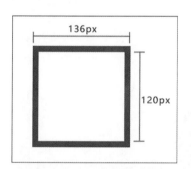

图2-28 裁切区域和安全区域

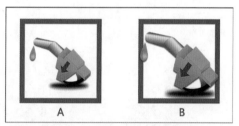

图2-29 图标大小的调整

图2-30 避免出现的情况

图2-31 预期效果

在图标的设计制作中，还有许多需要注意的细节及表现手法，获得这些实践经验最直接的途径就是大量地临摹与实践。

2.4 ｜图标设计项目实战

本节中，我们将结合前面所学的理论知识，完成一款图标设计的实际项目案例。通过设计制作过程的介绍，来加深对图标设计方法和流程的理解。

2.4.1 设计风格

下面要设计制作一套具有卡通风格的主题图标。设计的元素均来源于图2-32所示的"小黄人"这一卡通形象，要将这些元素与图标的含义（如电话、相机、短信等）相结合，设计出一款可爱、亲切的手机主题图标。

图2-32　图标的风格

2.4.2 手绘图标

在确定了主题风格后，进入手绘设计图标阶段，这是将设计思想具象化的必要过程。在这个过程中，要发挥想象，挖掘与"小黄人"相关的元素特点，将其与主题图标中各图标的含义联系到一起。

精讲视频

手绘图标的绘制

例如，"小黄人"最爱吃的香蕉的形状与话筒的外形极为相似，如图2-33所示，于是我们可以将电话图标设计成香蕉形状，再添加一些元素让其更加形象、生动，如图2-34所示。

图2-33　香蕉与电话的外形相似　　　　　　　　　　图2-34　电话图标手绘效果

又如，"小黄人"的眼睛是圆形的，带有金属外框，其形状、特点与收音机的扬声器非常相似，如图2-35所示，于是我们可以将收音机的扬声器部分用"小黄人"的眼睛来替换，设计出收音机的图标，如图2-36所示。

图2-35　眼睛与扬声器的外形相似

图2-36　收音机图标手绘效果

按照这样的设计方法，可以设计出包括短信、联系人、图库、相机、浏览器、音乐、视频、时钟、日历、指南针、天气、计算器、地图、电子邮件、主题市场、应用市场、系统更新、游戏中心、安全中心、文件管理、下载管理、SIM卡应用等在内的系统图标，如图2-37所示。

图2-37　手绘图标效果

2.4.3　电脑制作

图标的电脑制作是在Photoshop软件中完成的，方法是将手绘的草图拍成照片，再利用Photoshop软件进行描边、上色等操作。我们以图2-38所示的电话图标为例，介绍一下制作过程。

图2-38　电话图标

精讲视频　　　　　精讲视频

图标的制作1　　　图标的制作2

（1）打开Photoshop软件，新建文件，文件的大小为400 px×400 px，分辨率为72ppi。

（2）打开拍摄的电话图标手绘草图照片，将其拖曳到新建的文件中，电脑制作在此基础上完成，如图2-39所示。

（3）使用"钢笔"工具对草图进行描边，并填充颜色（R：255，G：244，B：92），如图2-40所示。

（4）为增强立体效果，添加"斜面和浮雕""内阴影"图层样式。"斜面和浮雕"的高光、阴影颜色都选用与香蕉颜色接近的浅黄色和深黄色，目的是不让效果太突兀，具体参数如图2-41所示，效果如图2-42所示。

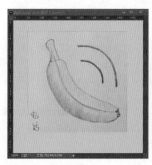

图2-39　导入草图

图2-40　描边填色

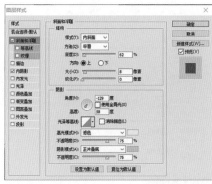

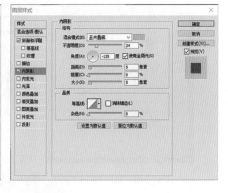

图2-41　图层样式参数

图2-42　添加图层样式效果

（5）依照此方法，制作另一半的香蕉效果，因为方向和角度不同，"斜面和浮雕""内阴影"的参数可以适当调整，同时添加了"投影"图层样式，投影的颜色也设置为深黄色，具体参数如图2-43所示，效果如图2-44所示。

（6）再使用"钢笔"工具将香蕉的果柄处填充"黑色—黄色"的线性渐变，如图2-45所示。同时为了增加立体效果，也为其添加了"斜面和浮雕"图层样式，具体参数如图2-46所示，效果如图2-47所示。

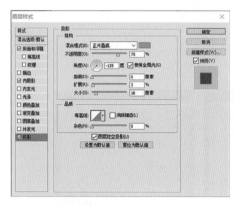
图2-43　图层样式参数

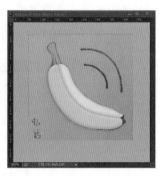
图2-44　制作效果

图2-45　添加渐变效果

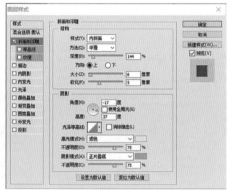
图2-46　图层样式参数

图2-47　果柄处效果

40

（7）再处理一下图2-48所示的剩余部分，就可以完成该图标的绘制了。我们将手绘的草图图层隐藏，将图标存储为"png"格式，如图2-49所示。为了便于以后的修改，建议再存储一个"psd"格式的文件备用。

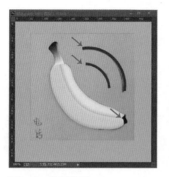

图2-48　处理效果　　　　　　　图2-49　存储为"png"格式

上述即电脑制作图标的方法，在制作的过程中，每个图标因其形状的不同，在处理手法上会稍有不同，但是基本方法是一致的。我们制作了手绘稿中所有的图标效果，并分别进行保存，图2-50所示为其中一部分图标。

图2-50　电脑制作图标

2.4.4 主题界面制作

完成了图标的制作之后，我们要制作与该图标相关的主题界面，包括系统的主界面、锁屏界面、解锁界面、短信界面、联系人界面等。这里，我们以小米 V5 系统的各参数为例，介绍一下制作的过程。

1.主题界面制作

（1）桌面壁纸尺寸为1440px×1280px，分辨率为72ppi。为了与图标风格一致，在制作壁纸时，选用的设计元素也是与"小黄人"相关的，如图2-51所示。

（2）状态栏的高度为30px，我们在其中填上状态栏中的各个控件，包括时间、信号、电池等信息，如图2-52所示。

图2-51 桌面壁纸

图2-52 添加状态栏控件

精讲视频
主题界面的制作1

精讲视频
主题界面的制作2

（3）主界面上的图标大小为136px×136px，每个图标下方都会有文字说明，文字的字体可以设置为方正兰亭黑体，文字的大小可以设置为21px或27px。为了使主界面的搭建标准、规范，建议使用参考线来进行对齐，如图2-53所示。

图2-53　添加图标效果

2.锁屏、解锁界面制作

锁屏界面的风格当然也要与图标风格一致。结合我们设计的图标风格，在技术可行的前提下，设计一个合适的解锁方式，会让用户觉得新颖、有趣。

下面，我们就结合整体的设计风格，设计一个合理、有趣的解锁方式。将锁屏的大小设定为720px×1280px，解锁前的效果如图2-54所示。解锁方式是帮助"小黄人"把香蕉拿下来就可以顺利解锁，如图2-55所示。

精讲视频

锁屏界面的制作

图2-54　锁屏　　　　　　　　　　　图2-55　解锁

2.4.5　其他界面制作

在前面设计制作的基础上，我们还制作了音乐锁屏、短信界面、联系人界面等，如图2-56所示。这里只展示制作效果，具体界面制作的相关知识会在第3章界面设计中详细介绍。

图2-56　其他界面

图2-56　其他界面（续）

2.5 | 本章小结

　　本章详细介绍了主题图标设计的有关原则、流程和规范，通过项目实战的讲解，帮助读者更加深入地了解图标设计的方法和技巧。主题图标的设计灵感不同，设计出的风格和视觉效果也不同。

2.6 | 课后习题

　　请运用本章所学的知识点，设计一套主题图标，要求如下。

（1）至少设计24个主题图标。

（2）图标的设计风格一致，符合图标设计的原则。

（3）完成图标手绘稿、电脑制作稿及主题界面的设计制作。

样例：

本样例是写实风格的主题图标设计，灵感来源于汽车相关元素，如图2-57～图
2-59所示。

图2-57　手绘稿

SIM卡应用.png　安全中心.png　地图.png　电话.png　电子邮箱.png　计算器.png

联系人.png　浏览器.png　日历.png　设置.png　时钟.png　视频.png

图2-58　电脑制作效果

收音机.png　　天气.png　　图库.png　　文件管理.png　　系统更新.png　　下载管理.png

相机.png　　信息.png　　音乐.png　　应用市场.png　　游戏中心.png　　指南针.png

图2-58　电脑制作效果（续）

图2-59　主题界面

 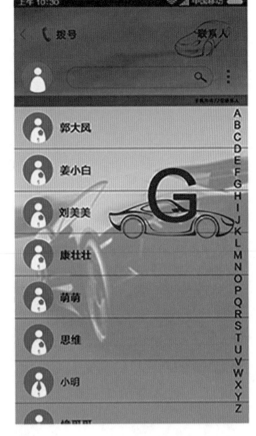

图2-59　主题界面（续）

2.7 | 图标设计案例欣赏

扩展图库

图标设计案例

在完成图标的设计后，我们可以对它进行包装展示。包装的方法没有定式，多数会以瀑布流的方式呈现。整体的设计风格要与图标的风格保持一致，一般会按照图标展示、主题界面展示这样的顺序在瀑布流中从上往下进行设计。

这里选取了几款图标设计的包装案例进行展示，因篇幅限制，我们对瀑布流进行了裁切。每个案例的左边图形是瀑布流的上半部分，右边图形是瀑布流的下半部分。

案例1："民族风情"图标设计欣赏

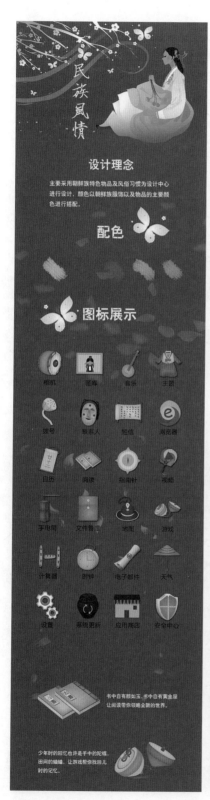

案例2："中古印象"图标设计欣赏

案例3："古韵"图标设计欣赏

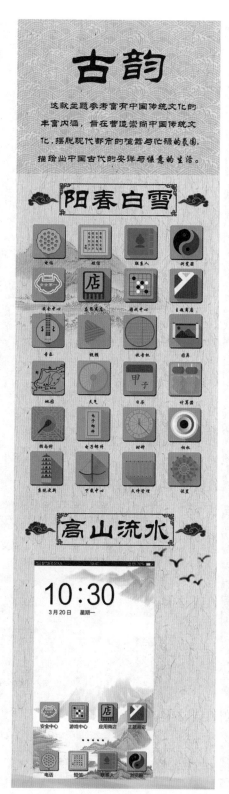

案例4："城市星空"图标设计欣赏

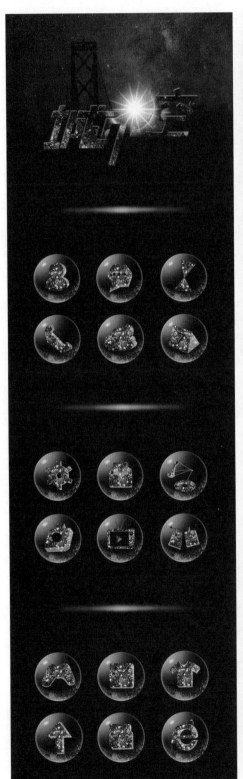

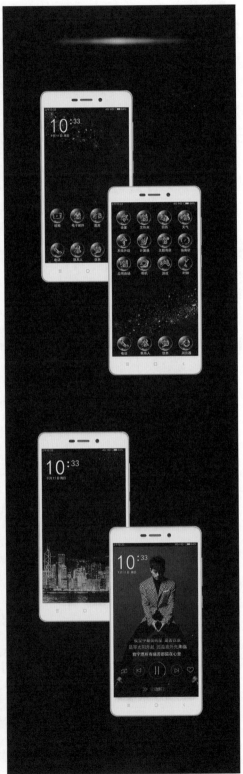

案例5: "小白系列"图标设计欣赏

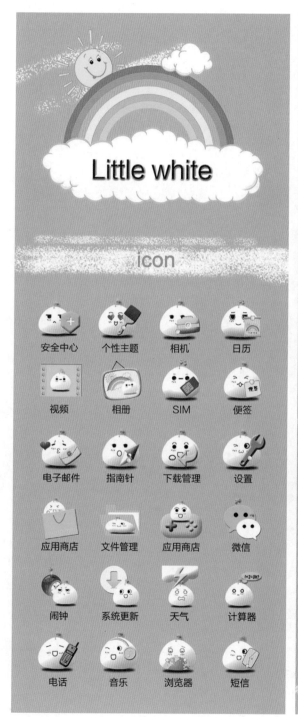

界面设计

界面是人与机器进行交互的媒介，界面设计的优劣直接影响到用户的体验效果。通过本章的学习，可以掌握以下内容。

1. 界面设计的内容。
2. 界面设计的注意要点。
3. 界面设计的表现手法。
4. 界面设计的分类。
5. 界面设计的规范。

3.1 | 界面设计概述

界面是人与机器之间传递和交换信息的媒介，是人与机器互动的接口。

我们通过手机界面来浏览信息，通过在手机界面上点击、拖曳等方式来实现各种操作，所以，手机界面是我们与手机发生互动的中间介质，如图3-1所示。

图3-1 界面是人机交互的媒介

近年来，随着信息技术与计算机技术的迅速发展，人机界面设计和开发已成为计算机界和设计界最为活跃的研究方向。

界面设计开始于软件设计之后，UI界面设计的发展过程是与软件设计慢慢分化的。最初，人们对软件界面的要求并不高，只要能够完成想要的操作就可以满足使用需求了，所以并没有专职的界面设计人员。随着人们对界面易用性、简洁性的要求越来越高，界面设计的重要性才越来越被重视，图3-2所示的是"搜狐"网站界面十年前后的对比效果，可以看出，简洁、美观、高效已经成为界面设计的主流趋势。

图3-2 "搜狐"网站界面十年前后的对比效果

3.1.1 界面设计的内容

本书中我们主要研究的是手机端应用界面设计，就是指用户在使用手机应用程序（Application，App）时所接触到的界面，主要包括启动图标、启动页、框架设计和控件设计。

1.启动图标和启动页

启动图标是手机应用程序的入口，它会出现在手机解锁后的主界面上。如果需要启动应用程序，只需点击该图标即可。启动页是指从用户启动应用之后到应用程序主界面打开之前看到的过渡页面或动画，如图3-3所示。

扩展图库

启动图标和启动页

图3-3 启动图标和启动页

启动图标是用户认识应用程序的第一步，是应用程序的标志和门户，其重要性不言而喻。其设计的原则和方法与我们前面讲到的图标设计是一致的，这里不再赘述。

启动页的作用是为了增强应用程序启动时的用户体验。最常见的启动页形式如图3-4所示，这些页面主要用来体现应用程序的名称及价值，让用户能迅速熟记该应用。

图3-4　常见的启动页形式

　　还有一些启动页，并没有文字内容，如图3-5所示。曾经有调查数据显示，启动时间超过3秒用户就会有焦急感。所以，启动页停留的时间最好控制在3秒以下。

　　应用程序的启动都需要时间，但并不是所有的启动时间都能控制在3秒以下，所以我们要使用其他方法来进行处理，以缓解用户在等待中出现的焦急情绪，如可以添加状态提醒，如图3-6所示，或者利用渐隐效果拖延时间等，如图3-7所示。

图3-5　没有文字内容的启动页

图3-6　添加状态提醒　　　　　　　　　　　　图3-7　利用渐隐效果拖延时间

2.框架设计

框架设计也称为结构设计，框架是指界面的骨架，框架设计是在进行用户研究和任务分析后制订出的界面整体架构。

对于手机界面来说，其基本的结构可以分为4个部分，即状态栏、标题栏、标签栏和内容区域，如图3-8所示。界面中的状态栏主要用于显示手机信号、电池容量、时间等信息，标题栏用于显示标题信息和放置返回、设置等按钮，标签栏用于显示选项信息。

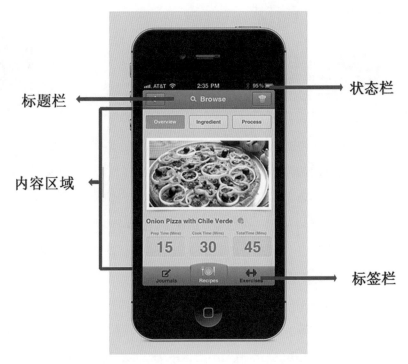

图3-8　手机界面的基本结构

界面中除了状态栏、标题栏、标签栏之外的区域就是内容区域，所以我们这里说的框架设计，主要是指内容区域的架构设计。

通俗而言，框架设计就是界面里的信息和元素位置如何摆放、大小如何设置、颜色如何搭配等。框架设计没有定式，但会因界面类型、功能的不同而有一些常见的形式，在接下来的界面设计分类中会有所阐述。

在进行框架设计时，很多设计方面的原理、法则会对我们有所帮助，如在设计中应用比较广泛的格式塔原理，就非常适合应用于框架设计。下面，先介绍两种在界面设计中常用的法则，即接近法则和相似法则。

（1）接近法则。接近法则是指人的潜意识里常常倾向于将空间上或时间上接近的元素整合成集合或整体。例如，图3-9所示的图形中，虽然所有的圆形大小都一样，但是能够清晰地看出将其分成了3组，这是由于它们之间不同的距离为我们的视觉创造了分组效果。

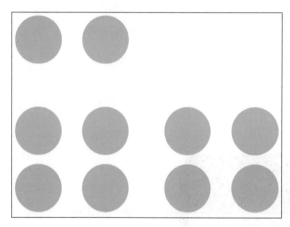

图3-9　接近法则

扩展图库

接近法则的运用

接近法则的应用可以代替以往界面中习惯的使用线条、边框、背景色等方式进行分组的方法，使界面变得简洁、清晰、一目了然，如图3-10所示，左侧就是多年前手机界面中流行的效果，现在看来，它使用了太多的颜色、纹理来修饰界面效果，无端地增加了许多干扰元素，影响了用户的注意力和视觉效果；而右侧的界面，很好地运用了接近法则对信息进行分组，没有分隔线和多余的阴影，却清晰、大方、易用性高，为用户带来了极好的使用体验。

（2）相似法则。相似法则是指人的潜意识里会将视线内一些相似的元素（如相似的形状、颜色、大小、亮度等）自动整合成集合或整体。如图3-11所示，图中各行图形虽然间距相等，但是每行图形的形状有所不同，在视觉上就形成了分组效果。

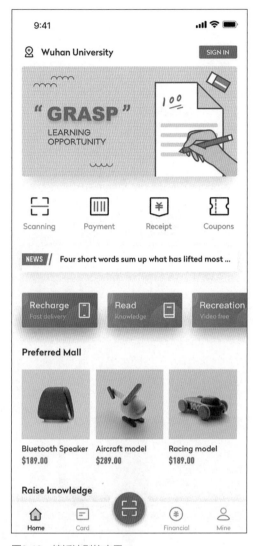

图3-10　接近法则的应用

扩展图库

相似法则的运用

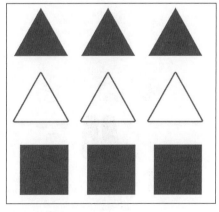

图3-11　相似法则

利用相似法则，即使界面中各元素摆放得杂乱无序，也可以很容易地进行区分并分组，如图3-12所示，虽然文件类型多样，但是通过图标的形状和颜色就能非常容易地将其分成若干组合，一目了然。

图3-12 相似法则的优势

相似法则是基于共同的视觉特征出发的，在界面设计中，可以利用相似法则给予不同的布局元素相同或相似的视觉特征，激发用户对界面进行适当的分组和联结的本能。图3-13所示的两个界面就很好地运用了相似法则，通过形状、颜色等区别对界面元素进行分组，使界面的结构变得灵活。

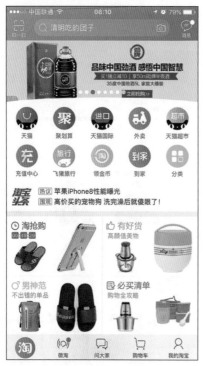
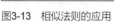
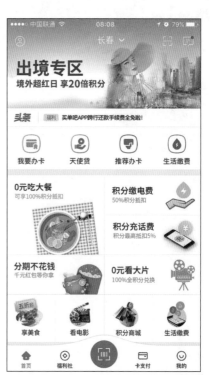

图3-13 相似法则的应用

3.控件设计

控件是指在框架设计中出现的各种元素，如按钮、菜单、对话框、列表、信号条、电池状态、标签、面板、滑块等都是控件，如图3-14所示。这些控件的功能相对独立，并且可以重复使用。

扩展图库

控件设计

图3-14　控件设计

如果细化来说，在界面上出现的所有元素都可以称为控件。在完成了框架设计，并对界面的结构有所把握之后，就要通过控件的制作来填充框架，完成界面设计了。

控件的效果主要依赖于界面设计的规范和控件细节的表现。界面设计的规范主要是指适合于手机设备和系统特性的、合理的设计标准，包括控件的大小和间距、界面的布局等内容，这些我们会在后面详细阐述。控件细节的表现主要是指控件的颜色、特效、材质等效果，需要通过Photoshop、Illustrator等制作软件来完成。

需要强调的是，控件的表现看似简单，实则不然。为了将控件效果做好，细节的表现尤为重要，图3-15所示的两个按钮是使用Photoshop软件来制作的，左侧的按钮只添加了"斜面和浮雕"的图层样式，右侧的按钮在此效果上又增加了高光和阴影线，立刻增强了按钮的质感，在细节表现上要优于左侧的按钮效果。

图3-15　加高光、阴影线前后对比效果

　　手机的界面空间有限，在有限的界面中要想将所有控件表现出最佳效果，每一个像素都是关键，所以需要细致、耐心、考虑周到。

3.1.2　界面设计的注意要点

1.适用性

　　界面设计首先要关注的就是目标平台，要清楚地知道适合于该系统、设备的详细的规范文档，从中可以获得必要的目标平台信息，并通过充分利用每种系统、设备的优势特性，来提高界面设计的适用性。

　　也就是说，做界面设计要明确手机、Pad、电脑等设备的特性，要明确iOS、Android、Windows等不同系统的设计规范，即使同一个应用程序，应用到不同系统、不同设备的时候，也应该有适度的调整，才能真正适用。如图3-16所示，左侧为该应用程序在Pad上的界面，右侧为其在手机上的界面。可以看出，同一款应用程序在不同设备上布局一样并不合适，而是要因设备的不同，适当修改布局方式，以增强界面的适用性。

图3-16　不同设备上的同一款App

2.易用性

　　界面是人与机器交互的接口，为用户提供简便、易懂的操作才是最终目的。所以，在界面设计中，易用性是非常重要的。

界面的易用性表现在很多方面，涉及界面的功能、信息、层级等方面。在进行界面设计时，要以满足用户的目标需要为准，尽量减少用户进行信息访问时所要采取的步骤，避免嵌套过深的多级菜单，缩减不必要的功能，同时尽可能创建多种信息访问途径。理想的情况是用户不用查阅帮助就能知道该界面的功能并进行相关的正确操作。

图3-17所示的Windows8系统界面，就很好地体现了界面信息层级扁平化的原则，用户关注的信息一目了然，易用性强。

图3-17 Windows8系统界面

3.友好性

界面设计要能够预测用户可能出现的错误，提供相应的机制尽可能避免用户出错，在用户操作错误或产生迷惑时可以自己寻求解决方法。例如，界面中的文本信息应该易懂、用词准确，避免使用有歧义、不友好的字眼，这样既能避免用户出错，还能增强界面的友好性。

图3-18所示的某程序注册界面提供了友好的信息提示，使注册过程变得简单、出错率小，提高了用户对该应用程序的信任度和好感。

图3-18　避免用户出错

3.1.3　界面设计的表现手法

在界面设计中，没有一种风格是固定的，也没有一种表现手法是万能的。但是有一些常用的表现手法值得借鉴，可以帮助我们设计出美观的界面效果。

1.唯一主色调

唯一主色调是指在一个界面中，只采用一种色相，通过不同的亮度、饱和度的调整，配以黑色、白色和灰色来展现信息层次，绝不使用更多的颜色，如图3-19所示。这种表现手法比较常见，掌握起来也比较容易，对于初学者来说，是个不错的选择。

图3-19　唯一主色调

扩展图库

唯一主色调界面

在当下比较流行的 App 中，唯一主色调的使用比较普遍，甚至已经成为该款 App 的代表色，如 QQ 应用程序的蓝色、唯品会 App 的洋红色、网易新闻 App 的红色等。

唯一主色调的颜色一般会出现在界面的状态栏、标题栏、标签栏或其他重要区域提醒的位置。

2.多彩色

多彩色与唯一主色调的区别在于，不同页面、不同信息组块采用多彩色撞色，或同一个界面的局部采用多彩色，如图 3-20 所示。

扩展图库

多彩色界面

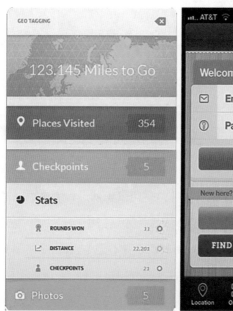

图3-20 多彩色

多彩色的设计方法比唯一主色调的设计方法要难很多，它使用多种颜色搭建界面，所以就涉及颜色的搭配问题。很多初学设计的人，经常困惑于颜色该怎么搭配。其实，颜色的使用主要取决于你想表现的风格和意境。颜色的搭配有很多可参考的理论知识，如邻近色、对比色、暖色调、冷色调等。但是这些理论也并不是绝对的，就像红色和绿色一直都被认为是两种互相冲突的颜色，但是如果改变这两种颜色的纯度和饱和度，或者改变它们所占的面积比例，就会取得意想不到的设计效果。

归根结底，颜色的运用需要依靠长时间的积累与实践，如果运用得当，多彩色的界面还是非常美观的。

3.数据的可视化

现在，越来越多的 App 在数据的呈现方式上，开始尝试数据的可视化、信息的图表化，让枯燥的数据和文字变得直观，增强了用户体验，如图 3-21 所示。

图3-21　数据的可视化

值得注意的是，数据的可视化只是用来辅助进行界面设计的，不能单纯地为了数据能可视化，而大量地使用图表，却忽视了这些图表是否有存在价值，或者说是否能够准确表达你所要呈现给用户的信息。例如，这一季的降水量或这一个月跑步的数据，可以使用曲线图来表现；信息的转载次数或比赛的进球数可以使用柱状图来表现。如果是非常重要的信息，文字的表达效果要比图表更有效。

4.内容至上

在扁平化设计流行的今天，我们逐渐摒弃了界面中多余的元素，所有不相干的线条、阴影、纹理效果都被取消，以最大可能地展现内容信息。下面介绍两种比较常用的表现形式。

（1）在界面设计时，可以将不同的内容信息放置于不同的卡片上，使用空白间隔将不同的内容块划分开，如图3-22所示，这样的设计使得各部分内容清晰，没有多余的元素影响视觉，界面简洁。

（2）还有一种表现形式是干脆将卡片也去掉，只保留图片和文字，如图3-23所示。这样的设计可突出内容，放大图片和字号，视觉体验更加清晰，提高了界面的易用性。

5.大视野背景图

这种表现手法是用图片作为界面的背景，以渲染氛围，丰富情感化元素，如图3-24所示。大视野背景图对字体和排版设计的要求比较高，难度也比较大，使用的背景效果不能喧宾夺主，影响界面内容的清晰度。

使用大视野背景图最简单的方法是可以将背景图做模糊处理，这样可以起到很好的衬托作用。

图3-22　卡片化

图3-23　内容至上

扩展图库

内容至上的界面

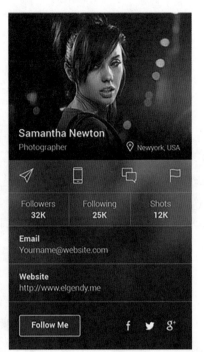

图3-24　大视野背景图

3.2 | 界面设计分类

　　在一个App中，界面可以分为两类：一类是典型界面，是指在 App（应用程序）中经常出现的、有代表性的界面；另一类是特殊界面，是指App中的启动、登录、注册界面等。

　　例如，在QQ软件中，信息列表页、个人设置页就是典型界面，如图3-25所示，启动页、登录页就是特殊界面，如图3-26所示。

图3-25　典型界面

图3-26　特殊界面

如果将典型界面再进行划分，则可以分为主界面、详情界面和弹窗界面。

3.2.1　主界面

主界面是指打开应用程序后的第一个界面，在这个界面上一般会呈现该应用程序的核心功能，如图3-27所示。

图3-27　主界面

在主界面上，用户应该能够轻易找到该款App最主要的功能。例如，用户下载一款手机安全防护类的应用程序，打开主界面后，却找不到杀毒、备份、清理内存等功能，所有这些核心的功能都隐藏在菜单里，就说明该款App的界面设计是有问题的，很大程度上影响了用户体验的效果。所以，在设计主界面时，最先做的应该是了解App的开发目的和用户使用的心理，在挖掘核心功能后，再进行布局设计。

主界面的布局方式有很多，下面介绍常见的几种。

1.九宫格式

这种布局方式泛指对界面进行横纵等分的布局类型，如图3-28所示。所有的核心功能井然有序、间隔合理、清晰呈现，用户能够快速查看和选择，视觉效果稳定。最早的九宫格是指横纵各3个格，但是慢慢地这种布局方式也发生了改变，不再绝对地控制格子的数量。如果App的功能个数少于或多于9个，也可以改变横纵的格子数量，让布局更加合理，如图3-29所示。

扩展图库

九宫格式主界面

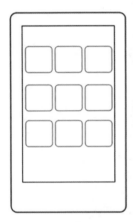

图3-28　九宫格式

图3-29　九宫格变形

2.列表式

这种布局方式是将信息以竖排列表的方式进行呈现，如图3-30所示。列表可以包含比较多的信息，在视觉上整齐美观，视觉流线从上向下，浏览体验快捷，用户接受度很高。列表式的界面常用于并列元素的展示，包括目录、分类、内容等。

图3-30　列表式

扩展图库

列表式主界面

3.手风琴式

这种布局方式表面上和列表式很相似，但是它可展开显示二级内容，在不用的时候，这些内容可以隐藏，如图3-31所示。它的优势在于能够在一屏内显示更多细节，无需进行页面的跳转，既能保持界面简洁又能提高操作效率。

细心的读者会发现，手风琴式和列表式在符号表示上是有所区别的。如果有二级内容，则右侧的符号通常会用向下的箭头来表示，如果是界面要发生跳转，则右侧的符号会用向右的箭头来表示。当然，这只是常用的表现形式，在一些页面中，你也会看到图3-32所示的手风琴式界面。

扩展图库

手风琴式主界面

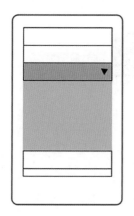

图3-31　手风琴式　　　　　　图3-32　手风琴式的应用

4.侧滑式

这种布局方式是将部分内容先藏在界面边缘，在需要时再展开，如图3-33所示。它的优势是不占用宝贵的屏幕空间，让用户聚焦于内容，在交互体验上更加自然，和原界面融合得较好，如图3-34所示。

扩展图库

侧滑式主界面

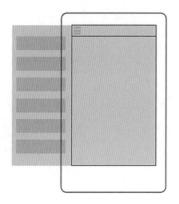

图3-33　侧滑式　　　　　图3-34　侧滑式的应用

5.混合式

这种布局方式是利用了格式塔原理中的相似法则，通过形状进行分组，如图3-35所示。它的优势在于形式活泼、不拘谨，常用于分类较多、不好管理的界面布局。

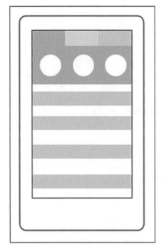

图3-35　混合式及其应用

3.2.2　详情界面

详情界面是指除了主界面以外的承载信息的界面，根据其实现的功能，主要分为查看界面和编辑界面。其中，查看界面是指用来浏览、查看信息的界面；编辑界面是指用来编辑、修改信息的界面。

观察我们使用的App，其实除了主界面、特殊的登录与注册界面、弹窗界面以外，应该都属于详情界面。详情界面的布局方式可以参考主界面，也就是说，前面介绍的几种布局方式并不是主界面所特有的，它也适用于功能相似的详情界面。此外，还可根据界面功能的需求，在框架符合界面设计规范的情况下，设计形式各异、风格独特的详情界面。

下面，我们分析几种常见的App类型中的详情界面。

1.购物类App

这类App的查看界面以浏览查看物品为主，有的是图片列表，有的是内容至上的大图展示，目的就是让消费者的目光聚焦于物品，激发购买欲望。所以它的界面往往如图3-36所示。

图3-36　购物类App的查看界面

它的编辑界面一般包括编辑个人信息、购买参数设置、购物评价等，注意要界面简洁、操作简单，让用户感到方便、快捷，如图3-37所示。

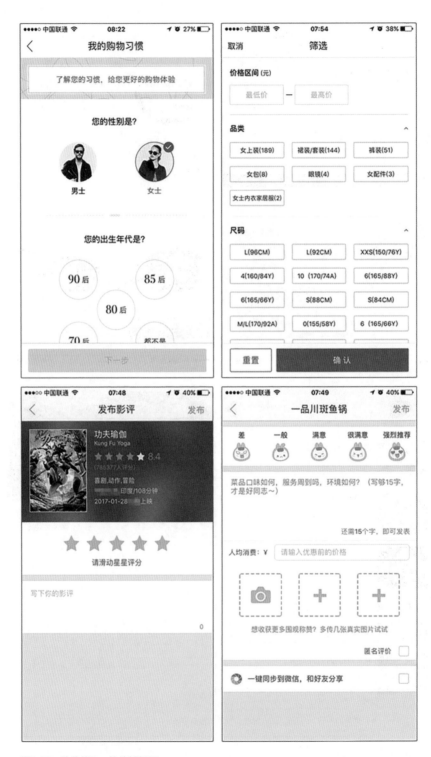

图3-37　购物类App的编辑界面

2.新闻类App

这类App的查看界面主要是以浏览信息、查看分类、阅读详情为主，所以在设计时，要便于浏览和阅读，列表式、图文混排的形式应该比较适合，如图3-38所示。

图3-38　新闻类App的查看界面

这类App的编辑界面主要包括个人设置、评论、反馈、搜索等，应该便于操作、提供记忆帮助、界面友好，如图3-39所示。

图3-39　新闻类App的编辑界面

3.音乐类App

这类App的查看界面主要是以查看、分类、播放为主，界面多采用列表式、手风琴式等便于浏览、节省界面空间的类型。因其分类较多，也会有类似于Pad端界面的菜单形式，如图3-40所示。

图3-40 音乐类App的查看界面

音乐类App的编辑界面与新闻类的相似，主要用来搜索、编辑、设置等，操作简单、界面友好应该是设计中需要关注的问题，如图3-41所示。

图3-41　音乐类App的编辑界面

从上面分析的3种类型App的详情界面可以看出，详情界面的设计会根据App的不同需求，在界面布局、功能上有所区别。

界面设计不能脱离用户的需求和体验，有人说，"最好的设计应该是用户在使用过程中感受不到设计"。也就是说，只有从用户的角度出发，充分考虑用户的需求，最大限度地满足用户操作的方便，这种界面设计才是最好的设计。

3.2.3　弹窗界面

弹窗界面是指App中用于实现提示、输入等功能的窗口，如图3-42所示。

图3-42　弹窗界面

扩展图库

弹窗界面

弹窗界面常用的呈现方式就是在界面上覆盖一层黑色半透明层，然后出现弹窗。其常见功能主要有以下几种。

（1）确认信息，如图3-43所示。

（2）选择和设置，如图3-44所示。

（3）提示和广告，如图3-45所示。

（4）分享，如图3-46所示。

图3-43　确认信息

图3-44　选择和设置

图3-45　提示和广告

图3-46　分享

3.3 | 界面设计规范

前面已经提到过，iOS系统和Android系统的设计规范是有区别的，不仅图标有自己的尺寸要求和命名规范，界面也同样如此。我们要依据手机系统应用的特性和手机设计的物理特性来进行合理的界面设计。

3.3.1 系统规范

1.iOS界面设计规范

界面设计规范主要规定界面的状态栏、标题栏、标签栏、图标、字体、字号等视觉元素的信息。表3-1列出了iOS手机界面设计的参数规范。

表3-1　iOS手机界面设计的参数规范

适用机型	分辨率	状态栏高度	标题栏高度	标签栏高度
iPhone 6/7/8 plus	1080px×1920px	54px	132px	132px
iPhone 6/7/8	750px×1334px	40px	88px	98px
iPhone 5/5C/5S	640px×1136px	40px	88px	98px
iPhone 4/4S	640px×960px	40px	88px	98px

在界面中还会出现一些图标设计，不仅可以辅助用户进行选择，而且可以增强界面的美观性。表3-2列出了iOS手机界面图标设计规范。

表3-2　iOS手机界面图标设计规范

适用机型	APP Store	主屏幕	标签栏	导航栏和工具栏
iPhone 6/7/8 plus	1024px×1024px	114px×114px	75px×75px	66px×66px
iPhone 6/7/8	1024px×1024px	114px×114px	50px×50px	44px×44px
iPhone 5/5C/5S	1024px×1024px	114px×114px	50px×50px	44px×44px
iPhone 4/4S	1024px×1024px	114px×114px	50px×50px	44px×44px

在字体方面，iOS系统中主要使用的中文字体是苹方（平时练习可以使用微软雅黑），英文字体是San Francisco。出现在不同位置的文字，在字号上有所区别，表3-3是以iPhone 6/7/8为例的文字设计规范。

表3-3　iOS手机界面文字设计规范

标题栏	标签栏	正文	列表、表单等
34~42px	20~24px	28~36px	32~34px

2.Android界面设计规范

在前面章节中提到过，使用Android系统的设备众多，屏幕的参数多样化，造成图标设计时需要考虑屏幕密度和图标大小的问题。界面设计也是如此，手机的屏幕密度有所不同，状态栏、标题栏、标签栏、图标、字号等视觉元素就会有所区别。

下面介绍一种通用的布局格式作为参考，如表3-4所示。在实际应用中，最好根据不同的屏幕尺寸提供3~4个布局方案，根据密度提供不同分辨率的图片。

表3-4　Android界面通用布局

高度			图标		
状态栏	标题栏	标签栏	标签栏	工具图标	小图标
36px	64px	74px	32px×32px	48px×48px	16px×16px

3.3.2　设计制作规范

在符合系统规范的前提下，所谓的设计制作规范，其实就是定义、设计界面中所涉及的所有视觉元素时需要注意的问题，包括颜色、布局、图形样式等。这些元素在制作中没有特定的限制，我们关注的是如何让界面精益求精、与竞品拉开差距。

1.颜色

颜色搭配在界面设计中非常重要，对它的熟练运用，会让设计事半功倍。在移动端界面设计中的颜色选取主要分为主题层、辅助层、阅读层和提醒层的颜色。

主题层颜色是决定界面风格的颜色，这种颜色一般不会大面积使用，主要出现在状态栏、标题栏、标签栏、主要区域提醒等地方，如图3-47所示。

扩展图库

界面的颜色搭配

图3-47　主题层颜色

不同的颜色带给用户的视觉感受是不同的，如冷色调会让人觉得平静、理智，暖色调会让人觉得热情、有活力，图3-48所示即为这两种色调的对比效果。

图3-48　冷色调与暖色调

辅助层颜色是对主题层颜色的补充，一般选用不会与主题色发生冲突的颜色，如邻近色、延伸色、协调的补色等，如图3-49所示。

图3-49　辅助层颜色

阅读层的配色主要考虑信息的视觉清晰、层次清楚，所以灰度是最适合体现该特性的颜色。灰度的对比要兼顾视觉的舒适感、层级的清晰度，不要过于强烈，也不要明度过于接近，如图3-50所示。

图3-50　阅读层颜色

　　提醒层的目的是能快速引起用户的注意，一般会使用纯度较高的颜色，但也要根据界面的整体配色进行分析，把握合适的对比，不要引起用户的不舒适感，如图3-51所示。

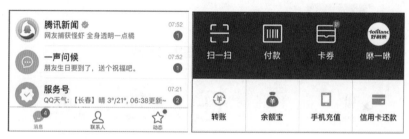

图3-51　提醒层颜色

　　对于初学者来说，颜色的搭配确实是一个难题。由于篇幅有限，这里不再赘述更多的理论知识，建议大家从一些专业的书籍中去学习，并将理论应用于实践，不断地临摹、总结、分析、尝试。

2.布局

　　界面设计的布局主要是考虑元素之间的对齐、分布方式。我们在制作界面时，往往需要借助参考线，以保证相同元素能够对齐、各元素间的距离能够合理，如图3-52所示。

　　此外，每个控件都需要考虑空间布局。例如，图3-53所示的界面，我们在放置标题栏左侧的小图标时，要保证其与标题栏上、左、下边缘的距离一致，这样才会让布局看起来规范。

扩展图库

界面的布局规范

图3-52　元素对齐

图3-53　标题栏图标布局

如图 3-54 所示，标签栏处的几个图标在分布上也需要注意间距的相等，这样才会让布局协调，达到良好的视觉效果。

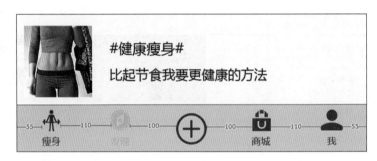

图3-54　标签栏图标布局

3.图标样式

界面设计涉及的图形主要有图标、头像等。这里的图标与前面章节讲到的图标从设计上来说有所不同，在界面中出现的图标强调简洁、一致和易识别性，如图 3-55 所示。

扩展图库

界面中的图标

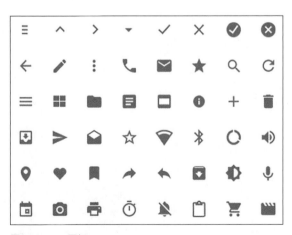

图3-55　App图标

86

在同一个App中出现的小图标应该是一套的，就是说它们的透视角度、表达形式、附加元素等应该一致，不需要刻画太多的细节，要提炼出最易识别的部分构成图标的形状。这些图标除了能够浓缩文字信息外，还起到了美化界面的作用，是界面设计中不可缺少的部分，如图3-56所示。

图3-56　图标的美化效果

3.4 | 界面设计项目实战

本节，我们结合前面所学的理论知识，完成一款界面设计的实际项目案例。通过设计制作过程的介绍，加深对界面设计方法和流程的理解。

3.4.1　设计思路

界面设计，一般分为原创设计和优化设计两部分。原创设计是从零开始，对界面进行设计制作；优化设计是在已有界面设计的基础上，提出修改或改进意见，进行二次设计。

本项目是对"智力题大考问"这款App进行的基于iOS系统（iPhone 6/7/8屏幕尺寸）的原创设计。该款App是休闲益智类的应用程序，通过智力题问答、与朋友分享的形式增强娱乐性。

主题层的颜色定义为 UI 界面中最常用的蓝色，这种颜色会增强用户的信赖感，也会给人以冷静、有智慧的感觉。辅助层、提醒层的颜色信息如图 3-57 所示。阅读层使用灰度颜色，字体为微软雅黑。

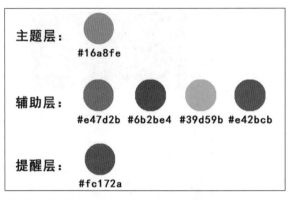

图3-57　界面颜色

3.4.2　主界面设计制作

在设计中，将智力题进行分类，方便用户查看和使用。所以，主界面采用混合式的布局方式，具体步骤如下。

（1）打开 Photoshop 软件，新建文件，文件的宽为 750px，高为 1334px，分辨率为 72ppi。

（2）在制作之前，参照 iOS 系统规范，用参考线将画布进行分割。状态栏高为 40px，标题栏高为 88px，标签栏高为 98px。左右各留出 18px 边距，如图 3-58 所示。

（3）使用"矩形"工具，绘制状态栏、标题栏区域，填充主题层颜色（R：23，G：167，B：254）。虽然两处的颜色一致，但为了后期方便控件的对齐，建议分别绘制和填充，如图 3-59 所示。

（4）参看 iPhone 手机的状态栏，绘制状态栏处的控件，包括信号、时间、电池等，如图 3-60 所示。在绘制过程中，要注意各控件的位置和分布，要水平居中对齐。

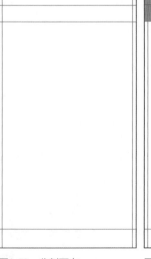

图3-58　分割画布　　图3-59　填充颜色

图3-60 状态栏

（5）在"编辑"—"首选项"菜单中，将文字单位修改为"像素"，如图3-61所示。

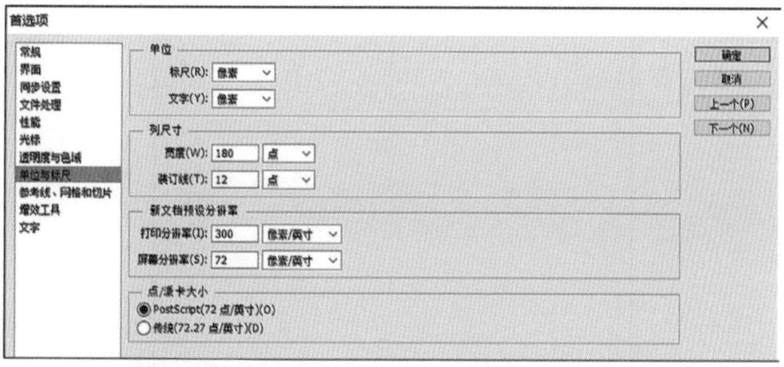

图3-61 设置文字单位

（6）制作标题栏处的文字和控件。文字大小为34px，在标题栏中水平、垂直居中显示。右侧的图标大小为44px×44px，放置在标题栏右侧，注意其与标题栏上、右、下的距离要一致，如图3-62所示。

图3-62 标题栏

（7）使用"矩形选框"工具绘制标签栏处的形状，填充浅灰色（R：248，G：248，B：248），为其设置描边的图层样式，描边宽度为1px，颜色为深灰色（R：134，G：134，B：134）。

（8）设计3个标签，分别为"首页""发现"和"我"，并为每个标签设计一个小图标，如图3-63所示，图标的大小为50px×50px，文字大小为20px。需要注意的是，3个标签要将标签栏处三等分，才会让视觉效果达到最佳。同时，首页标签的颜色与主题层颜色一致，表明了首页为当前界面。

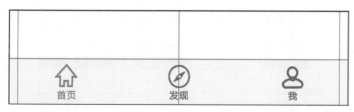

图3-63 标签栏

（9）制作界面内容区域部分，继续使用参考线做分割。将界面分为"热门推荐"和"全部分类"两部分，如图3-64所示。文字大小为24px，颜色为深灰色（R：134，G：134，B：134）。

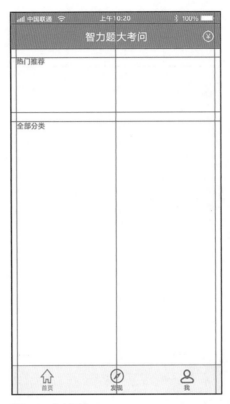

图3-64　分割画布

（10）使用"圆角矩形"工具，绘制144px×144px大小、圆角半径为20px的圆角矩形，制作图3-65所示的"热门推荐"部分的分类。为每个分类设计一个小图标，并添加文字内容，文字大小为20px。（如果分类内容多，我们会让最后一个图形显示一半，表示该处内容可以向左滑动继续查看。）

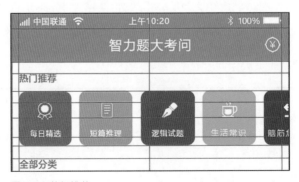

图3-65　热门推荐

（11）"全部分类"部分的内容使用列表式的界面布局方式制作。使用"圆角矩形"工具绘制列表的形状，高为120px，圆角半径为10px，填充颜色为浅灰色（R：248，G：248，B：248）。并为其设置描边的图层样式，描边宽度为1px，颜色为深灰色（R：134，G：134，B：134），如图3-66所示。

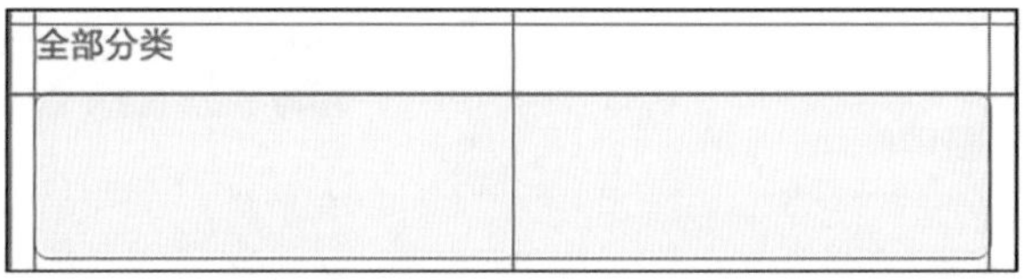

图3-66　绘制列表

（12）将这个列表按照同样的间距向下复制，直到标签栏处。为了显示还有更多的列表，会将最后一个列表做成只显示一小部分的效果，如图3-67所示。

图3-67　复制列表

（13）根据分类信息，在列表上制作图标和文字信息，如图3-68所示，左侧图标大小为50px×50px，文字大小为32px，颜色为深灰色（R：134，G：134，B：134）。在列表右侧，添加方向向右的三角符号，表示单击该列表可以进行界面的跳转。

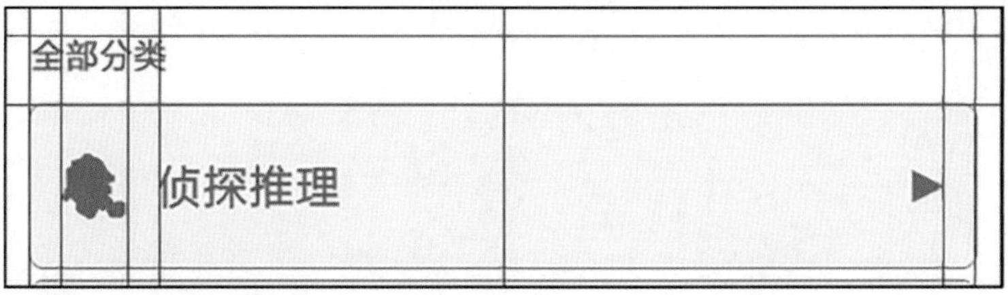

图3-68　制作图标和文字

（14）以此方法，可以完成其他列表的制作，如图3-69所示。

（15）在标签栏中添加两个提醒标记，颜色为提醒色。这样，我们就完成了主界面的制作，最终效果如图3-70所示。

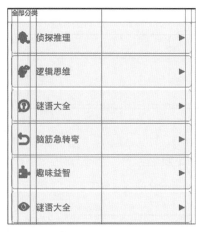

图3-69　列表

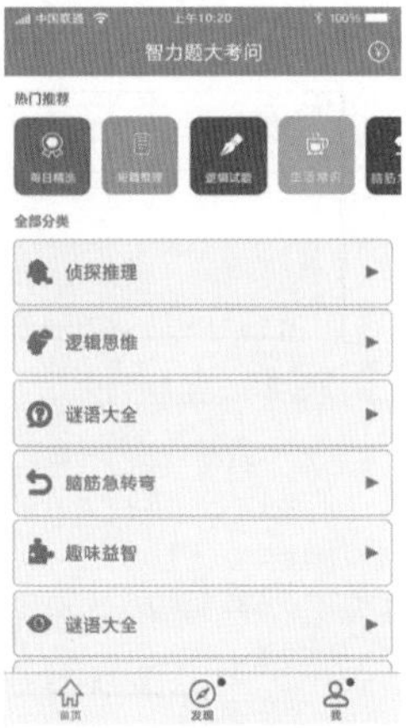

图3-70　主界面的最终效果

3.4.3　详情界面设计制作

精讲视频

设置界面的制作1

下面介绍两款详情界面的制作过程：一个是编辑界面（以设置界面为例）；一个是查看界面（以答题界面为例）。

1.编辑界面的制作

（1）制作设置界面。可以将前面完成的主界面另存为“设置界面”文件，保留界面中的状态栏、标签栏，将标题栏处的文字改为“设置”，右侧的图标删除，如图3-71所示。

精讲视频

设置界面的制作2

图3-71　设置界面

图3-72　返回按钮

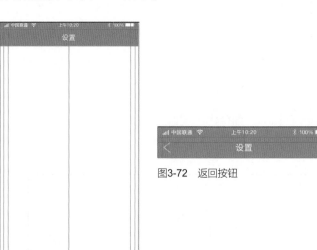

（2）该设置界面的启动按钮位于主界面标题栏的右侧，单击启动按钮进入该界面后，应该有用于回到主界面的返回按钮。所以，我们在标题栏的左侧添加用于返回的图标，如图3-72所示。

（3）将背景层填充浅灰色（R：243，G：243，B：243）。使用参考线对界面进行分割，制作列表式的界面，如图3-73所示。列表的高度为96px，根据功能对其进行分组，每组间的距离为40px。

（4）按照参考线，使用"矩形选框"工具绘制列表形状，将其填充为白色，描边为1px，颜色为深灰色（R：134，G：134，B：134），如图3-74所示。

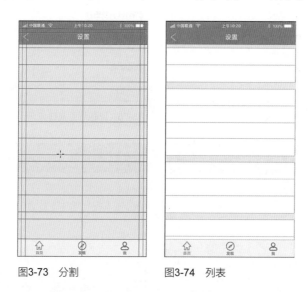

图3-73　分割　　　　图3-74　列表

（5）给每个列表添加文字信息，文字的大小为34px，颜色为黑色。在列表的右侧添加用于界面跳转的图标，用开关控制的功能在列表右侧添加设置开关，如图3-75所示。

（6）在列表的右侧添加相关的文字信息，文字的大小为30px，颜色为深灰色（R：134，G：134，B：134）。至此，完成了编辑界面最终效果的制作，如图3-76所示。

2.查看界面的制作

（1）制作答题界面。将设置页面另存为"答题"页面，去掉下面标签栏部分，将标题栏处的文字改为"侦探推理"，在标题栏右侧添加用于更多选项的图标，如图3-77所示。

（2）使用参考线分割画布。题目处高为100px，题干处高为340px，各答案处高为96px，每部分间距为40px，如图3-78所示。

精讲视频

答题界面的制作1

精讲视频

答题界面的制作2

精讲视频

答题界面的制作3

图3-75　文字信息

图3-76　编辑界面最终效果

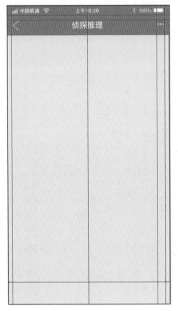

图3-77　答题页

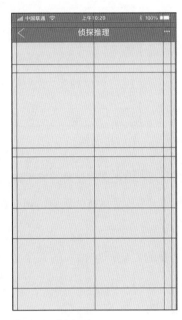

图3-78　分割画布

（3）在题目部分，绘制70px×70px的圆形，颜色填充为橙色（R：228，G：126，B：44），制作标题数字。同时在右侧绘制用于分享的图标，大小为44px×44px，如图3-79所示。

图3-79 题号和分享部分

（4）制作题干部分，文字大小为30px，颜色为黑色。要注意文字的排版和对齐，在空间内做好布局，如图3-80所示。

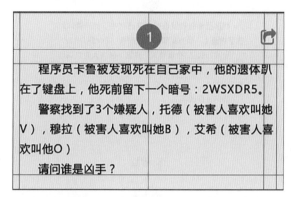

图3-80 题干部分

（5）制作答案部分，将答案部分做成带有复选框的形式，如图3-81所示。文字大小为34px。

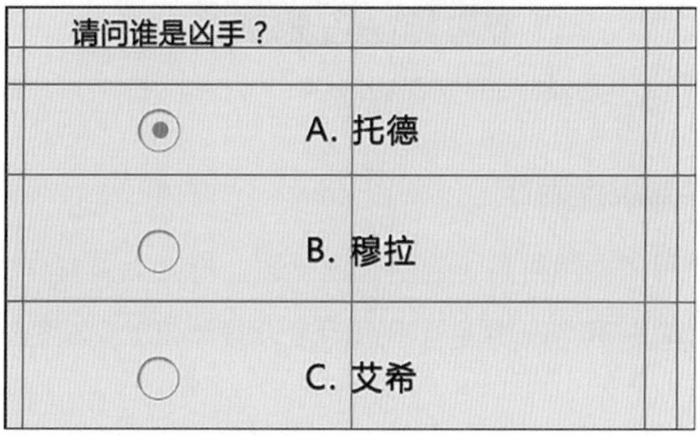

图3-81 答案部分

（6）在标签栏部分，制作"提交"按钮，可以用橙色来填充，文字大小为40px，颜色为白色。同时完成"上一题""下一题"的文字制作，大小为28px，颜色为深灰色，如图3-82所示。

图3-82　标签栏部分

（7）这样就完成了查看界面的制作，最终效果如图3-83所示。

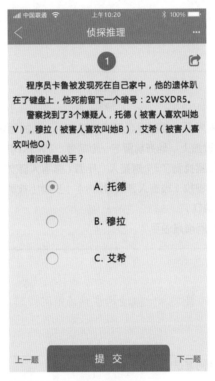

图3-83　查看界面最终效果

3.4.4　弹窗界面设计制作

（1）先制作一个用来显示答题正确的弹窗界面。打开上面制作的查看界面，新建图层，填充黑色，将图层不透明度设置为30%，如图3-84所示。

（2）选择"图角矩形"工具，将圆角半径设置为20px，绘制图3-85所示的圆角矩形，填充白色。

精讲视频

弹窗界面的制作

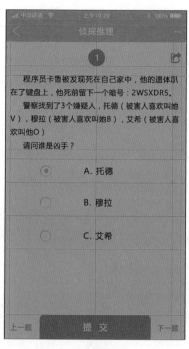

图3-84 制作不透明图层

图3-85 绘制圆角矩形

（3）拖拽参考线，新建图层，绘制高为88px的矩形选区，填充主题层颜色（R：23，G：167，B：254）。以圆角矩形为选区，修改蓝色的矩形边缘，将其制作成上面是圆角的矩形，如图3-86所示。

（4）添加文字，字体为黑体，大小为34px，颜色为白色，如图3-87所示。

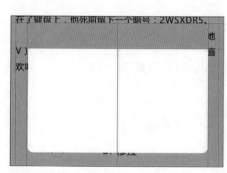

图3-86 蓝色圆角矩形

图3-87 添加文字

（5）输入图3-88所示的文字，将"正确答案"字样的字号设置为36px，颜色设置为黑色；将"智力值："""当前智力值："字样的字号设置为28px，颜色设置为深灰色（R：83，G：83，B：83）。

（6）绘制圆角半径为10px的圆角矩形，填充主题层蓝色。添加文字"题目解析"，设置文字大小为30px，颜色为白色，如图3-89所示。

图3-88　添加文字

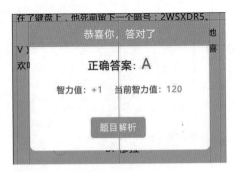

图3-89　制作按钮

（7）为了增加互动性，可以添加"考考朋友"这样的文字选项，实现互动功能。
设置其文字大小为26px，颜色为浅灰色（R：147，G：147，B：147），如图3-90所示。

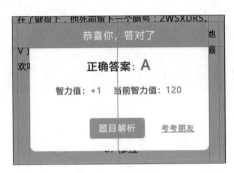

图3-90　文字选项

（8）微调各部分位置，完成答题正确的弹窗界面制作，如图3-91所示。

（9）答题错误的弹窗界面与答题正确的弹窗界面类似，只是在功能上有所区别，界
面效果如图3-92所示。

图3-91　答题正确界面

图3-92　答题错误界面

3.5 | 本章小结

本章详细介绍了界面设计的内容、分类、表现手法及设计规范等方面的知识。通过项目实战的讲解，可以帮助读者更加深入地了解界面设计的方法和技巧。界面设计既强调设计，也强调规范，只有二者结合，才能使设计的界面美观、适用。

3.6 | 课后习题

请运用本章所学的知识点，完成一款App的界面设计，要求如下。

（1）设计主界面、编辑界面、查看界面、弹窗界面各一个。

（2）界面美观，符合界面设计的原则。

样例：

本样例是为一款美颜相机设计的界面，界面的颜色定义为暖色，符合年轻人的审美需求。在延续大众对于拍照类App使用习惯的同时，加入一些新的功能和设计，极大地提高了App的易用性，如图3-93~图3-96所示。

图3-93　主界面

图3-94　编辑界面

图3-95　查看界面

图3-96　弹窗界面

3.7 | 界面设计案例欣赏

　　在完成界面的设计后，我们会对它进行包装展示。整体的设计风格
要与界面图标的风格保持一致，一般会在瀑布流中从上往下进行设计。
界面设计包装的表现形式比图标设计包装的表现形式丰富、变化多样。

　　我们选取了几款界面设计的包装案例进行展示，因篇幅限制，我们
对瀑布流进行了裁切。每个案例的左边图形是瀑布流的上半部分，右边图形是瀑布流
的下半部分。

扩展图库

界面设计案例

案例1:"360安全路由"界面设计欣赏

案例2：“FRESH IT UP”界面设计欣赏

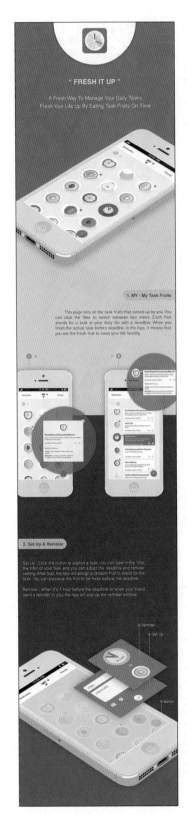

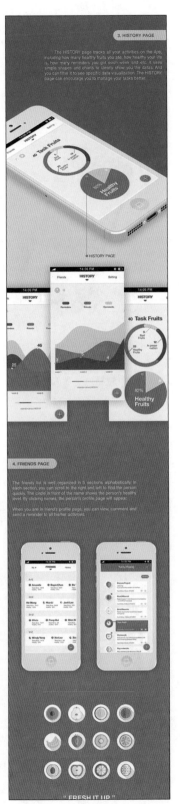

案例3: "西山居游戏"界面设计欣赏

案例4：“Map My Run”界面设计欣赏

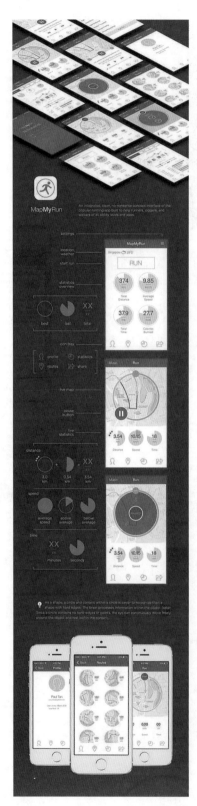

案例5：界面优化设计欣赏

04

交互设计

交互设计是指设计人和产品或服务互动的一种机制，是以用户体验为基础的一种互动行为。通过本章的学习，可以掌握以下内容。

1. 交互设计团队的组成。

2. 交互设计的要素。

3. 交互设计的流程。

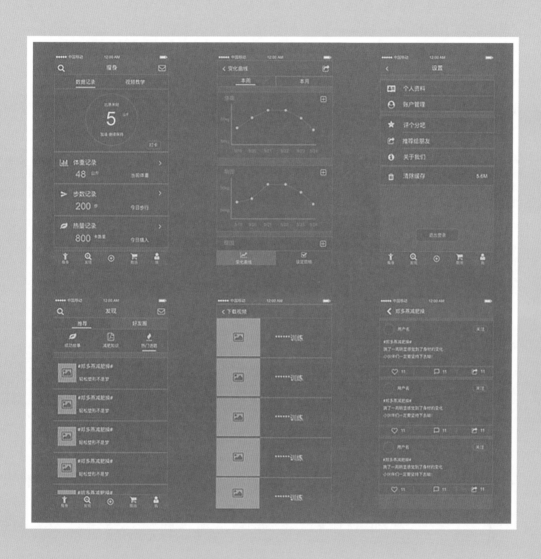

随着网络和新技术的发展，各种新产品和交互方式越来越多，人们也越来越重视对交互的体验。以用户体验为基础的交互设计会使用户愉悦，使交互过程有效、易用。因此，交互设计作为一门关注交互体验的新学科在20世纪80年代产生了，它由IDEO的一位创始人比尔·摩格理吉（Bill Moggridge）在1984年的一次设计会议上提出，他一开始给它命名为"软面（Soft Face）"，由于这个名字容易让人想起当时流行的玩具"椰菜娃娃（Cabbage Patch Doll）"，因此，后来把它更名为"Interaction Design"——交互设计。

交互设计，也称为互动设计，是指设计人和产品或服务互动的一种机制，简单来说，就是人们在使用网站、软件、消费产品时产生的互动行为，如图4-1所示。这种互动行为是要以人的需求为导向，理解用户的期望、需求，理解商业、技术及业内的机会与制约，创造出形式、内容、行为有用、易用，令用户满意且技术可行，具有商业利益的产品。

图4-1　交互行为

4.1 | 交互设计团队的组成

交互设计是一项系统而细致的项目，因此不适合一个人去完成，通常会有一个团队一起去完成。在这个团队中，成员分工明确、各司其职，同时又相互联系、共同合作，通过这种团队协作最终完成产品的交互设计。

因为设计项目的大小不同，交互设计团队的人数也会有所不同，一般包括以下几个岗位，如图4-2所示。

（1）产品经理/项目经理：主要负责产品体验度。

（2）UX设计师：主要负责用户研究。

（3）交互设计师：主要负责流程规划。

（4）UI设计师：主要负责图形设计。

（5）技术工程师：主要是指前端工程师，负责前端技术的实现。

（6）测试工程师：主要负责测试产品。

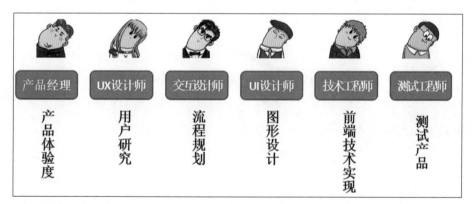

图4-2　交互设计团队

交互设计的各阶段都离不开团队成员的配合。在项目前期准备阶段，产品经理要了解该项目的背景，了解项目主要针对的人群及该人群的特征。UX设计师要配合产品经理做好用户建模和用户目标分析；同时要做好竞品分析，阅读需要的文档并分析需求，提出自己的想法，与产品经理沟通并达到一致的目标。

中期设计阶段，交互设计师要完成项目流程图，要和UI设计师描述交互细节，跟进视觉稿。由UI设计师制作低保真原型和产品的Demo原型，完成规格文件，也可导入图片制作高保真Demo原型。

在后期跟进阶段，UI 设计师要和技术工程师详细描述交互原型的结构，跟进开发，及时发现遗漏。还要和测试工程师一起测试产品，看是否与设计保持一致。

4.2 ｜交互设计的要素

交互设计需要体现的要素可以归纳为以下几个方面。

（1）商业：要满足商业目标。

（2）任务：要充分考虑用户使用产品的目的，其次考虑视觉展现。

（3）易用：要对新用户来说是友好的，易于学习、易于掌握的。

（4）一致：设计中的控件、交互方式要一致。

（5）清晰：主模块和主功能清晰。

（6）反馈：有操作就有反馈，提示信息必须有效而且无干扰。

（7）友好：实时帮助信息、容错机制、柔和提示信息。

（8）极简：要简约不要繁杂，要为设计做减法。

从这些要素中，你会发现，它们都是围绕着用户的体验、目标和需求体现出来的。也就是说，交互设计的核心其实是用户，产品的外观、功能设计都是用来服务用户的，所以交互设计的本质应该是"以用户为中心"。

那么什么是以用户为中心呢？简单来说，在进行产品设计时从用户的需求和用户的感受出发，围绕用户设计产品，而不是让用户去适应产品。无论是产品的使用流程、信息架构，还是产品的人机交互方式，都需要考虑用户的使用习惯、预期的交互方式、视觉感受等。

以用户为中心的设计强调设计者要沉浸在用户的环境中，从用户的角度思考问题，这样才能发现问题，产生新的设计思路，拓展新的设计方向，由此产生的创新才能真正使用户获利、产品获利。

虽然很多设计师都能意识到为终端用户设计的必要，但他们经常以自身的经验或对市场调查研究的结果为准，而忽视了与客户、潜在用户的直接交流。实际上，只有与用户之间进行深入沟通，才能够得到用户真实的需求情况，这些要比研究报告的统计数据来得重要，甚至有些时候得到的结论与统计数据的结果相反。

4.3 | 交互设计的流程

按照交互设计各阶段不同的设计任务，可以分为前期准备阶段、中期设计阶段和后期跟进阶段。

4.3.1　前期准备阶段

在前期准备阶段主要完成的是需求分析、用户建模和竞品分析。

1.需求分析

需求分析是指对要解决的问题进行详细的分析，弄清楚问题的要求，以及最终要得到的效果。

在交互设计中，需求分析就是指深度理解用户需求，挖掘用户的深层次需求。例如，客户饿了要吃饭，这就是客户的需求。结合这个需求，我们可以帮助用户找到他愿意吃的食物，还可以将他可能喜欢吃的食物推荐给他，再帮助他把好吃的食物推荐给好友。聆听用户需求，深度剖析用户底层需求要点，找准用户痛点，这就是需求分析的精髓。

在使用产品的过程中，用户不一定是一类人群，可以是多类人群。例如，一种购物类App，使用它的人群可以有消费者、商家、广告商等。因此，在进行需求分析时，要确定好核心用户群。明确核心用户群是为了有针对性地进行调研、沟通，把握该用户群体的心理特征和需求，进而确定产品的核心功能和产品定位。

在需要分析阶段，了解用户群体的心理特征和需求的方法有很多，如问卷调查、走访等。通过多种形式的调研，可以汇总出有用的信息，再通过需求坐标和用户建模卡片有依据地进行信息架构。

2. 用户建模

（1）建立需求坐标。需求坐标就是将用户的需求以二维坐标的形式呈现出来，如图4-3所示。这个坐标是以重要度和频率为坐标轴，将用户的需求按照重要度和频率的多少在坐标中标示出位置。越靠近坐标原点位置的需求，其重要度及使用频率越低，也就表明需求率越低。反之，越靠近右上方的需求，其重要度及使用频率越高，即需求率越高。

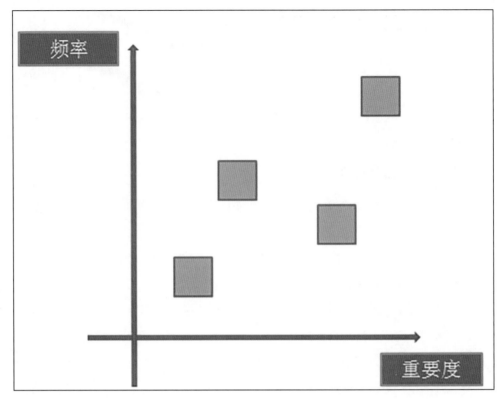

图4-3　需求坐标

通过用户需求坐标，我们能列出任务的优先层级，能够了解哪些功能是用户最为需要、最为关注的，这样的功能就要在产品的第一层级上显示。次要的、关注较少的信息在架构时就可在产品的第二、第三层级上显示。这样有所依据的信息架构方法，能够使产品信息主次分明，同时避免冗余，让用户能够更方便、快捷地找到自己想要的信息。

（2）用户建模卡片。用户建模是指虚构出一个用户用来代表产品面向的核心用户群。这个虚构的用户具备该用户群体所有的典型特征，可以包括性别、年龄、地域、情感、需求、喜好等，要能够反映出用户群的痛点问题。

扩展图库

用户建模卡片

用户建模卡片可以是手绘的形式，也可以是电脑制作的形式。

一般一个产品通常会设计3～6个用户模型代表所有的用户群体。表4-1展示的是为某外卖产品建立的用户建模卡片。

表4-1　用户建模卡片

	姓名：薛峰	
	性别：男	核心用户
	年龄：21	
	性格：宅	
	所在地：长春	
	使用频率：平均每天2~3次	
用户特征	薛峰是学校的一名学生，因总玩游戏，常没时间吃饭	
需求情景	薛峰所在寝室距离饭店较远，冬天冷，经常玩游戏，吃饭都要叫外卖	
认知过程	一次订餐时，在网页上看到了这款App，下单快，送餐也快，并且价格也不贵	
决策心理	下一次订餐时用了这款App，订餐很容易，每份便宜3~5元钱，还有优惠券可用，以后还会选择用	
关注因素	订餐过程尽量简化，价格越低越好，送餐快，服务态度好	
行为过程	肚子饿了—打开贪吃舌App—选择美食—点击订餐—支付—玩游戏—送餐上门	
使用结果满意度	需求被满足了，并超过用户预期，再也不怕饿肚子了	

　　通过该用户建模卡片，我们能够了解到产品的目标人群是在校大学生，特点是爱玩游戏、懒散，有一定的消费能力，但是并不富裕。结合这样的特点，在产品开发过程中就会有所依据，抓住用户痛点进行设计，挖掘出设计的亮点。

　　3. 竞品分析

　　在前期准备阶段，确定产品需求和产品定位后，还需要做竞品分析。通过竞品分析，可以了解竞争对手的产品和市场动态，掌握竞争对手的资本背景、产品运营策略等信息，还可以借鉴已经成形的较为完整的系统化思想和设计方向。

　　一般在做竞品分析时，会选择3~5个竞品。这些竞品可以是直接竞争者（市场目标方向一致、产品功能和用户需求相似的产品），也可以是间接竞争者（市场客户群体目标不一致，但在功能需求方面互补了自己的产品优势）。

　　确定了竞品后，我们可以先从以下4个方面进行分析。

　　（1）功能与内容。功能与内容方面主要是梳理竞品的主要功能和架构。通过对竞品的功能梳理，可以更好地了解它的功能点，找到可以借鉴的方面，也要找到设计的短板，从而在开发自己的产品时有所避免。

（2）视觉与品牌。视觉与品牌方面主要是分析竞品的视觉效果和品牌效应，包括
LOGO运用、视觉风格、颜色搭配、图标、规范性等方面。

（3）交互与操作。交互与操作方面主要是分析竞品中用户是否有自由控制权，布局
是否一致，跳转方式是否一致，是否有明确的提示信息、合理的帮助与说明，以及交
互的细节，如操作中的提示、文案表达、交互动态效果等。

（4）市场与价格。市场与价格方面主要是分析竞品的产品市场价值、推广运营方
式、战略层面及营销方式等。

以上是常见的竞品分析维度，在产品开发中也可以针对不同的产品进行调整，主要
目的就是通过这些对比与分析，找出竞品的优势和不足，做到"知己知彼"，在接下来
的设计中找到借鉴点和突破点。表4-2展示的是为某外卖产品做的竞品分析，主要针对
的是功能与内容。

表4-2　竞品分析

外卖客户端 参数	产品1	产品2	产品3	借鉴点和突破点
美食搜索	定位到商家	定位美食	定位美食	定位到商家/美食
店家信息	地图/电话	地图/电话	地图/电话	地图/电话/QQ/微信
支付方式	微信、支付宝、QQ钱包、货到付款	微信、支付宝、银行卡、货到付款	百度钱包、支付宝、银行卡、货到付款	支持任何付款方式
优惠打折	满25元减12元；首单减20元；赠饮品；微信分享红包；品牌馆免费送；积分送礼品	满25元减10元；满40元减15元；首单减15元	满20元减10元；满40元减15元；新用户减15元；百度钱包减1元	满30元减15元；首单减20元；赠饮品；微信分享红包；品牌馆免费送；积分送礼品
指定时间	支持	支持	支持	支持
订单跟踪	支持	支持	支持	支持
特色功能	拼单、早餐预订	药品代购	新开垫付	夜猫店、拼单、早餐预订

4.3.2　中期设计阶段

在前期准备的基础上，进入中期设计阶段，这个阶段主要包括制作流程图、低保真
原型和高保真原型。

1. 制作流程图

流程图主要用来表现产品的信息架构，通常会用逻辑思维导图的方式来表现。所谓

逻辑思维导图，就是运用图文并重的技巧，把各级主题的关系用相互隶属与相关的层级图表现出来。

常用的逻辑思维导图软件有Mind Manager、Xmind、Illustrator等。这些软件可以简单、方便、美观地展现产品的功能架构，层级清晰，一目了然，图4-4所示的是使用Xmind软件制作的某产品的流程图。

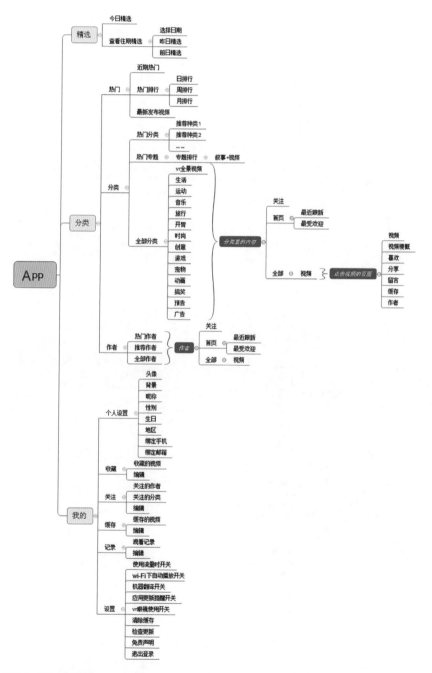

图4-4 产品流程图

接下来，要在流程图的基础上，归纳出需要的界面。我们在图4-4所示的流程图的基础上，对照流程图中所示的功能归纳出相应的界面（用小红旗表示），如图4-5所示。值得注意的是，界面的数量并不一定等同于流程图中的功能点。从图4-5中也可看出，界面的数量明显少于功能点的数量。

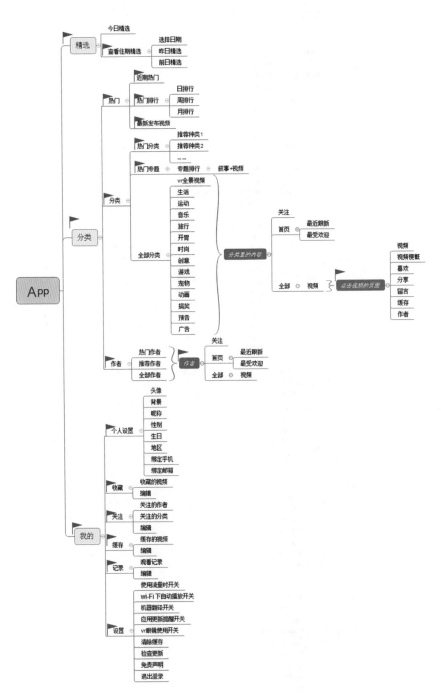

图4-5　归纳界面

2．低保真原型

原型是指整个产品面市之前的一个框架设计，可以分为低保真原型和高保真原型两种。其中，低保真原型是将页面的模块、元素、人机交互的形式，利用线框描述的方法，将产品脱离皮肤状态，更加具体、生动地进行表达。制作低保真原型的目的是帮助设计师聚焦于结构、组织、导航和交互功能等的设计，这些确定之后再投入时间关注界面的颜色、字体和图片的设计，也就是设计制作所谓的高保真原型。

常见的低保真原型形式有手绘和电脑制作两种，如图4-6和图4-7所示。电脑制作低保真原型可以使用Mockup、Photoshop、Illustrator、墨刀等软件。

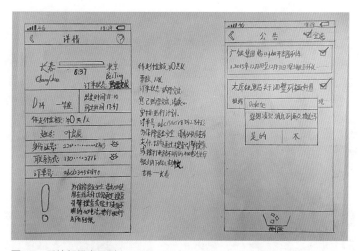

图4-6　手绘低保真原型

图4-7　电脑绘制低保真原型

设计制作低保真原型是界面设计的首要步骤，其主要作用如下。

（1）对每个页面的功能、布局进行梳理，脱离了颜色和图片的低保真原型功能清晰可见，易于检视功能是否齐全、布局是否合理。

（2）低保真原型不用关注过多的视觉元素，在开发时间上比高保真原型要缩短很多，大大节约了开发成本。

（3）使用无皮肤状态的框架图便于与客户和项目组沟通，统一意见。

虽然低保真原型在设计规范上没有过多的限制，但是在制作时也不能过于随意，否则会影响后期高保真原型的制作。所以在制作低保真原型时，需要注意以下几点。

（1）保证交互稿中的字号、间距等尽量符合视觉要求，以免给视觉造成不必要的困扰。

（2）交互阶段的产出方案，应该更聚焦于信息布局、内容层次、操作流程。不建议在交互稿上使用色彩，避免对视觉设计师造成不必要的干扰。

（3）注重用户体验，以最直接、简便的方式呈现功能，引导用户学会使用产品。

在制作了低保真原型后，可以按照流程图的方式，构建产品的交互布局图。当下比较流行的制作交互布局图的软件有墨刀、Sketch、Axure等。图4-8所示即为某产品的交互布局图。

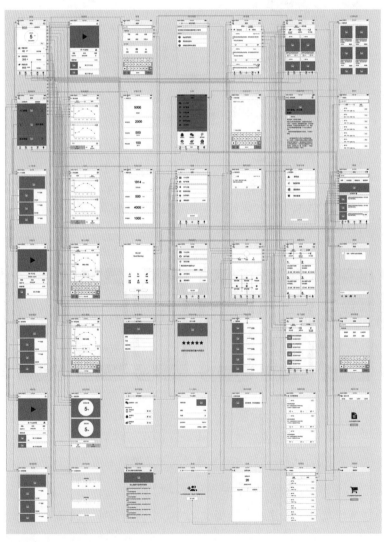

图4-8　交互布局图

3. 高保真原型

高保真原型是相对低保真原型而言的，如果说低保真原型关注的是结构和流程，那么高保真原型关注的就是细节，包括颜色、字号、间距等规范性问题，如图4-9所示。

扩展图库

高保真原型

图4-9　高保真原型

在低保真原型的基础上，可以使用Photoshop、Illustrator等平面设计软件来完成界面高保真原型的制作，其界面的状态应该与交付时的状态是一致的。

制作高保真原型，首先要了解不同类型产品的设计规范，如要设计iOS、Android等移动终端产品，就先要了解它们的页面尺寸、设计结构和方法、字体、字号等规范，将设计元素进行合理的摆放与搭配。

在做高保真原型时，要有足够的细心和耐心。有人说，视觉设计师的细心程度应该达到像素级，这种说法并不为过。试想在一个产品中，如果每个页面上都有一些元素偏移了几个像素，那么全部页面在视觉上就会有很多出入，这样的产品就是失败的。

4.3.3　后期跟进阶段

在制作完高保真原型之后，也就完成了产品的视觉部分内容的开发，进入了后期跟进阶段。在这个阶段，视觉设计师要与工程师详细描述交互原型的结构、设计的细节，在开发过程中及时跟进，随时发现遗漏的问题，保证开发的完整性。产品交付后，要和测试工程师一起测试，查看其是否与设计保持一致，同时进行可用性的循环研究、用户体验回馈，针对可行性建议对产品进行后期完善，不断地对产品进行改进。

4.4 | 交互设计项目实战

本节，我们结合前面所学的理论知识，完成一款交互设计的实际项目案例。通过设计制作过程的介绍，加深对交互设计方法和流程的理解。

4.4.1 需求分析

爱美是女性的天性，每位女性都希望拥有一个好的身材，女大学生也不例外。作为一名在校的女大学生，在资金和毅力都有所欠缺的情况下，需要一款使用简单、操作方便、花销不大的App，来引导、监督、记录减肥瘦身的效果。

本项目中的App就是针对女大学生在健身、减肥方面的需求进行开发设计的。核心用户群就是在校的女大学生，产品定位为方便、高效、易用。我们将App命名为"亿瘦"，其名字的含义取既有减肥、瘦身的功能，又能拥有大量的用户群体之意。

4.4.2 用户建模卡片

通过对在校女大学生在减肥瘦身方面的调研分析，总结该用户群体的核心特征和痛点，建立用户建模卡片，如表4-3所示。

表4-3 用户建模卡片

	姓名：小丽	
	性别：女	核心用户
	年龄：21	
	职业：大学生	
	所在地：长春	
	使用频率：平均每天1~2次	
用户特征	小丽是一名在校大学生，上了大学以后，身心过于放松，逐渐变得懒惰，对自己的要求也越来越低。慢慢地，她开始发胖，喜欢的衣服都穿不上，心情也变得越来越不好，还影响了学习成绩，为此她很苦恼	
需求情景	小丽想改变这种状态，但是去健身房花销很大，天天跑步她又觉得很枯燥，坚持不下去	
认知过程	经朋友介绍，小丽知道了这款App，听说使用方便又很有效，她想试一试	

决策心理	经过一段时间的使用，小丽觉得减肥变得有趣了，还可以结交朋友、赢取奖励，既省去了去健身房的钱，健身、减肥的效果还很明显，于是她决定一直使用下去
关注因素	减肥教程要易学、适用，记录要准确、有效，要能及时和好友分享，操作简单
行为过程	有减肥需求—打开"亿瘦"—开始学习和记录—效果明显—持续使用
使用结果满意度	需求被满足了，并超过用户预期，夏天能穿好看的裙子了

4.4.3　竞品分析

　　结合用户需求，选取同类型3款App产品（在此隐去产品名称）作为竞品分析对象。通过对同类产品的界面视觉效果、特色功能等方面的分析，找到"亿瘦"这款App的借鉴点和应避免的问题，如表4-4所示。

表4-4　竞品分析

产品 参数	产品1	产品2	产品3	借鉴点	应避免的问题
界面视觉效果	采用了扁平化的界面风格，颜色以灰色为主	运用红、灰两种色彩，使用线型和卡片来区隔功能	扁平化，色彩统一、协调，给人以单纯、简洁的美感	运用扁平化的界面风格，颜色不宜过多，要简洁、大方	页面过乱，显得臃肿，信息量少，更新不及时等
特色功能	减肥途径多样化	及时提醒用户当天的运动项目	有食物热量记录	减肥方式要多且新颖	
广告语	自律给我自由	无	我赌我会瘦	应简短、新颖	
减肥途径	跑步记录、健身视频	跑步记录、健身视频	跑步记录、健身视频、饮食管理、热量记录	减肥途径多样化	
社交互动	推荐、同城、搜索、讨论、	话题、搜索、人气榜、同城	分享故事、好友圈、搜索	社交互动、交友方式多样化	
反馈，不满	跑步记录不完善	垃圾广告太多	热量记录不完善		
周边	商城、减肥器械	无	商店、减肥器械	有购物功能，注重器械的适用性	

4.4.4　逻辑思维导图

　　接下来，梳理产品的所有功能点，根据功能的优先级别进行分级、分层。我们将App的主要功能划分为"瘦身""发现""商城"和"我"4个部分。"瘦身"功能主要包括数据记录、教学视频等内容；"发现"功能主要包括"知识""故事""话题""好友动态"等内容；在"商城"中可以购买商品；在"我"中可以实现"个人资料""动态""金币管理"等功能。

本项目中的逻辑思维导图是使用XMind软件制作完成的，操作步骤如下。

精讲视频

逻辑思维导图制作

（1）打开XMind 7.0软件，会出现图4-10所示的窗口，可以选择空白图，也可以选择模板来创建逻辑思维导图。

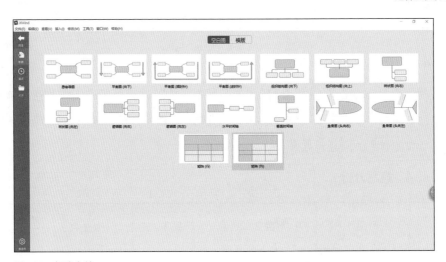

图4-10 新建文件

（2）选择空白图中的"逻辑图（向右）"来进行创建。单击后会出现图4-11所示的窗口，选择一种喜欢的风格。

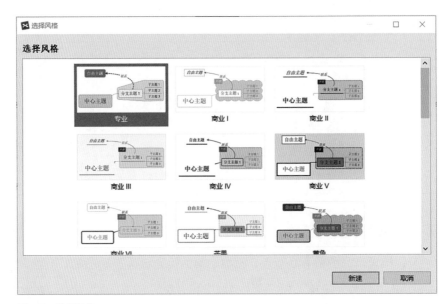

图4-11 选择风格

（3）这里我们也选择第一个风格，单击"新建"按钮后，即可进入图4-12所示的编辑窗口。

图4-12　编辑窗口

（4）双击"中心主题"处，即可编辑文字，我们将主题文字改为"亿瘦"，如图4-13所示。

图4-13　编辑主题文字

（5）单击键盘上的"Insert"键，可以创建图4-14所示的分支主题。我们可以将其文字改为"瘦身"。

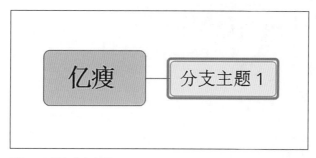

图4-14　插入分支主题

（6）选择"瘦身"子主题后，按键盘上的"Enter"键，即可创建另一分支主题，如图4-15所示。

图4-15　继续创建分支主题

（7）按此方法，我们可以将该项目的4个分支制作完成，如图4-16所示。

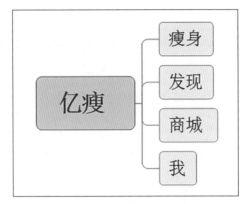

图4-16　创建所有的分支主题

（8）再选择"瘦身"分支，按键盘上的"Insert"键，创建图4-17所示的下一层分支。

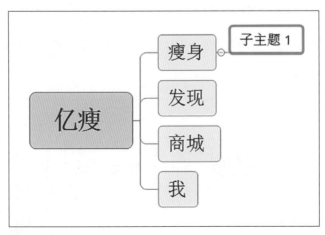

图4-17　创建下一层分支

（9）按此方法，我们可以不断地创建分支主题，然后修改文字，即可完成图4-18所示的整个项目的逻辑思维导图。

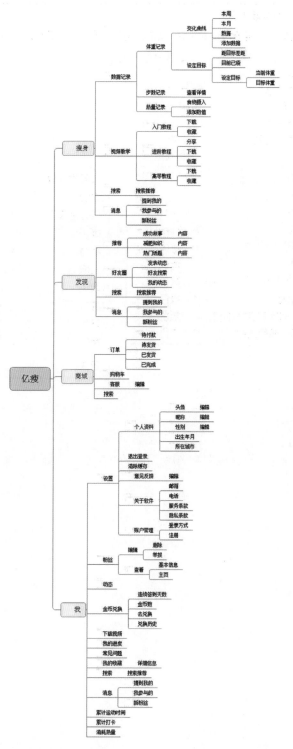

图4-18　逻辑思维导图

（10）在此基础上，提炼界面。可以选择需要添加界面的分支主题后，再选择菜单"插入"—"图标"—"旗子"，为该主题添加标识，如图4-19所示。

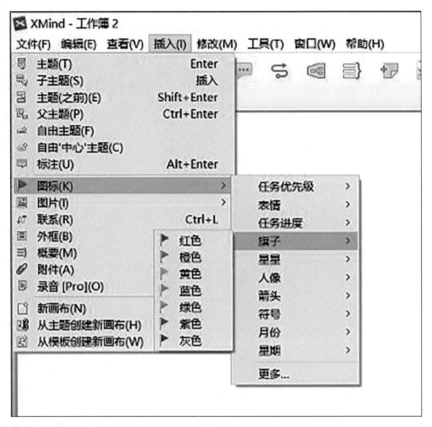

图4-19　添加标识

（11）按此方法，即可完成图4-20所示的所有标识。为所有界面先做好标注，以便掌握界面的数量。

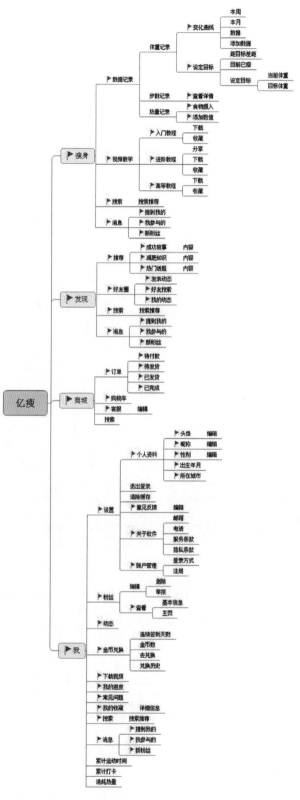

图4-20 提炼界面

4.4.5　低保真原型

精讲视频

低保真原型制作

梳理出界面之后，就可以开始低保真原型的设计制作了。这里，我们使用墨刀软件来制作，操作步骤如下。

（1）在墨刀网站上注册自己的账号，如图4-21所示。

图4-21　新用户注册

（2）注册成功后，即可登录，打开图4-22所示的创建项目窗口。

图4-22　创建项目窗口

（3）单击右上角的"创建项目"按钮，可以打开图4-23所示的设置窗口。

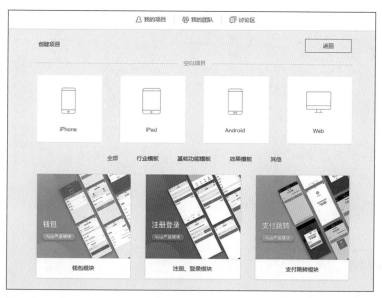

图4-23 设置窗口

（4）本项目是基于iOS系统开发的，所以这里选择"iPhone"，打开图4-24所示的窗口。将项目名称改为"亿瘦"，设备类型选择"iPhone 6/7/8（375×667）"。

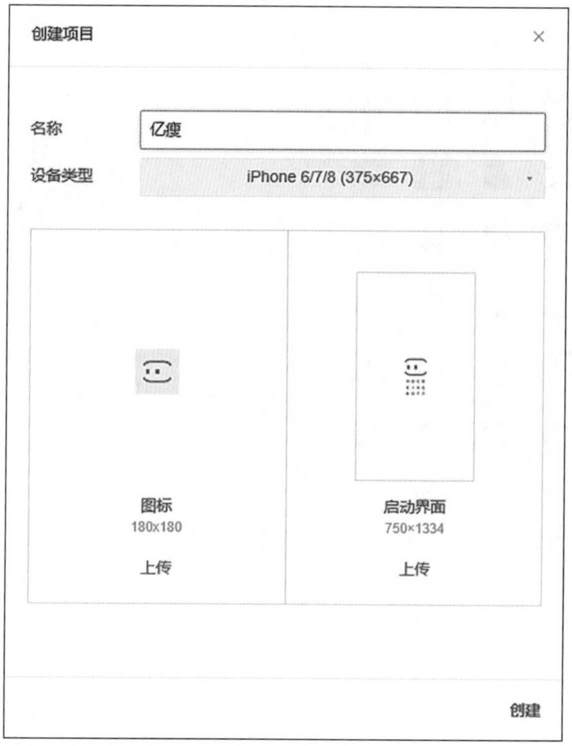

图4-24 设置名称和设备类型

（5）单击右下角的"创建"按钮，进入图4-25所示的编辑界面。

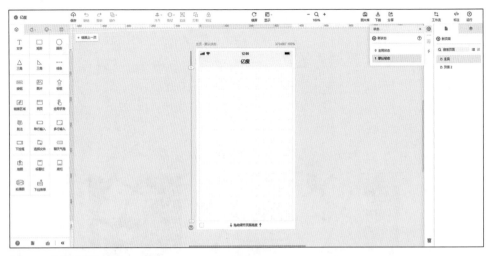

图4-25　编辑界面

（6）将标题栏文字改为"发现"，从图4-26所示的图标组件中，选择图4-27所示的形状，放置到标题栏左、右两端。

图4-26　图标组件

图4-27　标题栏

（7）从图4-28所示的组合组件中，选择"标签栏-5"并将其拖曳到图4-29所示的标签栏处。

图4-28　组合组件

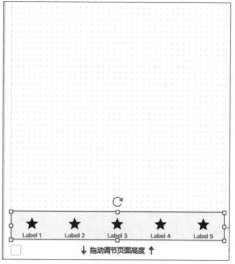

图4-29　标签栏

（8）可以从图标组件中找到合适的图标将标签栏处的图标替换掉，文字内容也按图4-30所示进行更改。

图4-30　修改标签栏内容

（9）从组合组件中选择"分段控件−2"并将其拖曳到图4-31所示的位置，将文字内容修改为"推荐"和"朋友圈"，制作选项卡效果。

图4-31　制作选项卡效果

（10）从图4-32所示的组件当中，选择矩形、文字组件，再选择合适的图标，制作图4-33所示的效果。

图4-32　组件

图4-33　制作按钮效果

（11）选择矩形、文字、图片组件，制作完成图4-34所示的列表效果。文字的大小可以在图4-35所示的外观设置中进行设置。

图4-34　列表效果

图4-35　外观设置

（12）将列表复制几个，就可以完成列表的制作了，如图4-36所示。在低保真原型中，主要注重的是功能性，所以信息可以不用更改。

图4-36　列表效果

（13）按照这样的方法，我们可以在墨刀软件中完成所有低保真原型的制作，图4-37所示为该项目的部分低保真原型界面。

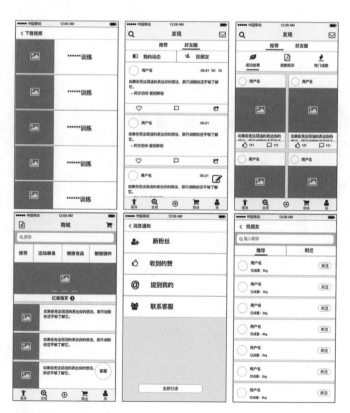

图4-37　部分低保真原型界面

在墨刀软件中，界面之间可以实现简单的链接，可以做出像开发完成的应用一样的交互行为，检查功能的完整性和操作逻辑的正确性，图4-38所示即为用墨刀生成的部分工作流。

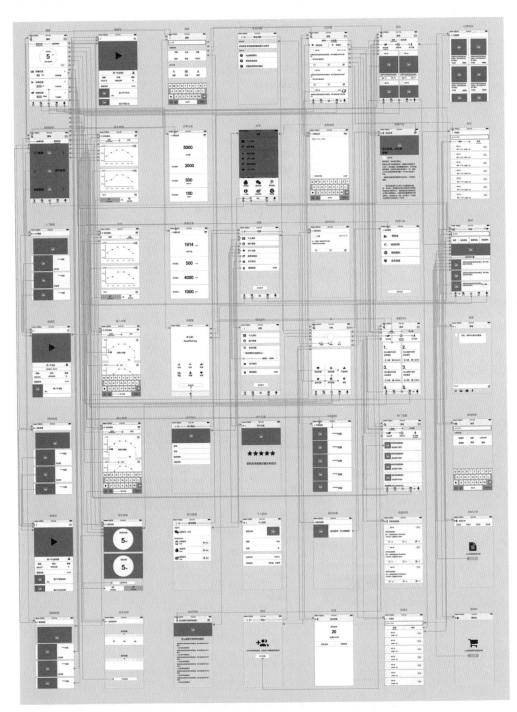

图4-38 工作流

4.4.6 规范手册

在制作高保真原型之前，我们还会完成规范手册的制作。制作规范手册主要是为了便于设计团队或设计师之间统一产品的视觉设计风格；同时，保证设计师与开发人员之间沟通和工作交接的顺利进行，使开发出的产品界面和视觉稿高度统一；此外，还可以规范第三方的品牌塑造和接入。

制作规范手册，包括字体、颜色、按钮、图标、布局、空间、提示、命名规范等要求，一般会以 PPT 或瀑布流的形式出现。

本项目中，我们采用了瀑布流的形式进行设计。使用的是 Photoshop 软件，宽度为1000px。因为空间限制，我们将瀑布流截图显示，图 4-39 所示为关于屏幕尺寸、单位、颜色、字体的规范。图 4-40 所示为关于按钮、图标的规范。

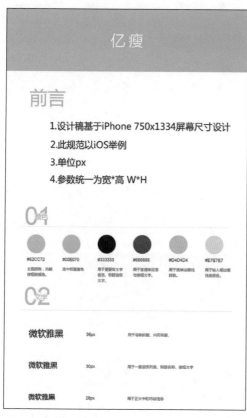

图4-39　规范手册（一）

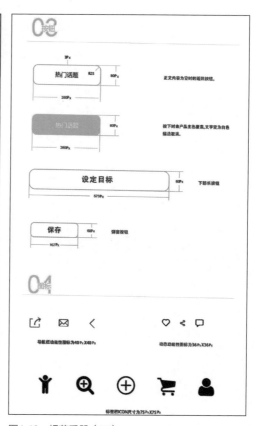

图4-40　规范手册（二）

图 4-41 所示为关于空间布局的规范。

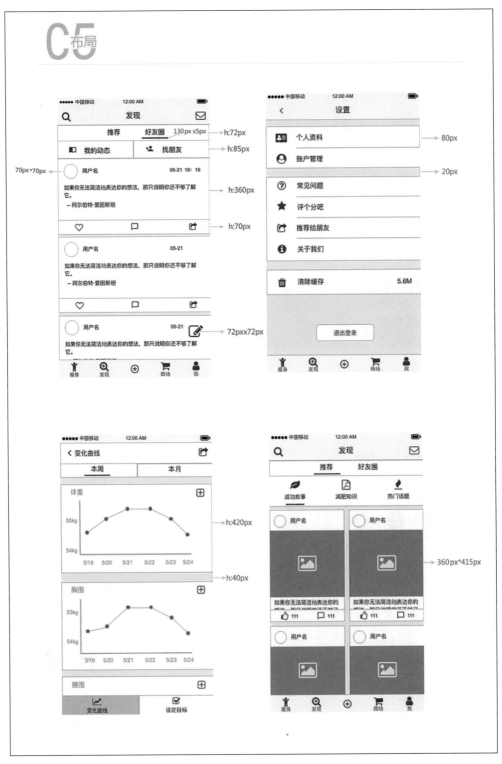

图4-41　规范手册（三）

4.4.7　高保真原型

在规范手册的基础上，可以使用 Photoshop、Illustrator 软件来制作高保真原型。本项目所有的高保真原型，都是使用 Photoshop 软件制作完成的，图 4-42 所示为部分低保真原型和高保真原型的对比效果。

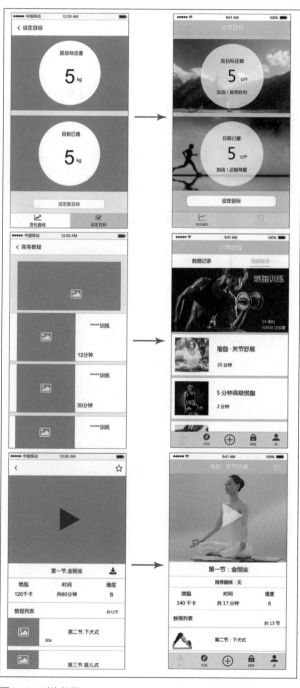

图4-42　对比效果

制作界面的方法和技巧，在第 3 章中有详细介绍，这里不再赘述，图 4-43 所示为本项目的高保真原型（部分）。

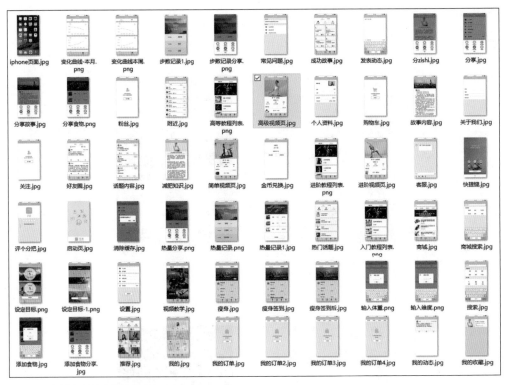

图4-43　高保真原型（部分）

我们也为该项目设计了启动图标和启动页，如图 4-44 所示。

图4-44　启动图标和启动页

4.5 | 本章小结

本章详细介绍了有关交互设计的知识，包括交互设计的概念、团队、要素等方面，重点介绍了交互设计的流程。通过项目实战的讲解，帮助读者更加深入地了解交互设计的方法和技巧。在交互设计中，从用户体验、信息架构，到操作逻辑、界面美观，每个方面都非常重要，不容忽视。

4.6 | 课后习题

请运用本章所学的知识点，独立完成或以小组为单位完成一款App的交互设计任务，要求如下。

（1）完成用户建模卡片、竞品分析、逻辑思维导图、低保真原型、高保真原型的设计制作。

（2）以用户为中心去思考和设计，注重界面的美观和易用性。

样例：

本样例是为大学生设计的一款学习英语的App。结合大学生的需求和特点，对竞品进行深入研究，找出用户的痛点和设计的突破口，继而完成逻辑思维导图、低保真原型和高保真原型的制作，如表4-5、表4-6和图4-45~图4-49所示。

表4-5　用户建模卡片

	姓名：小明	
	性别：男	核心用户
	年龄：21	
	性格：懒	
	所在地：长春	
	使用频率：平均每天1次	

续表

用户特征	在校大学生，因平时贪玩，过不了英语四级不能毕业而烦恼
需求情景	不喜欢课本知识，平时爱玩手机，讨厌英语
认知过程	通过英语老师推荐
决策心理	该款 i 英语 App 不枯燥，用过一段时间之后英语水平有了显著的提高
关注因素	简洁，有趣，能激发大家学习英语的兴趣
行为过程	临近考试—打开 App—背单词、学语法—复习以前学习的知识—通过模拟考试认识到自己的不足
使用结果满意度	成功地通过了考试，从此喜欢上学习英语，无法自拔

表 4-6　竞品分析

参数 /App	产品 1	产品 2	产品 3	产品 4	i 英语
登录方式	微信、QQ、手机	微信、QQ、手机	微博、QQ、微信、手机	手机注册、微信、微博	微信、QQ、手机、直接登录
主要功能	查词、离线下载、单词闯关、换词书、我的、生词本	词典、离线单词包、复习、圈子（单词 PK）、背单词	游戏闯关模式、单词积累量得金币模式	单词测试、查词、我的、单词本、单词进度、口语、打卡	单词游戏闯关、单词本
词汇量	四级词汇、六级词汇、韬式 C-POP 词汇	四级词汇、四级高频、六级词汇、考研词汇	四级词汇、六级词汇	四级、六级、考研、雅思、托福、医学	四级单词、六级单词、A 级单词、B 级单词
背单词方式	闯关模式	看图、语句背单词	游戏闯关模式、单词积累量得金币模式	英译汉	闯关模式
优点、借鉴点	闯关游戏有趣	有图记忆深刻	短时间内增多单词量	锁屏时有每日一句	游戏闯关模式、界面规范
缺点	界面不规范	交互有问题界面单调	界面设计不够完善	背单词单调	
单词测试	英译汉，汉译英	背单词时测试	听写	今日单词测试、全部单词测试	英译汉、汉译英
好友互动	微信好友 PK、QQ 好友 PK、随机对手	附近好友	微博、微信、QQ	好友微博、朋友圈	微信好友 PK、QQ 好友 PK、随机对手

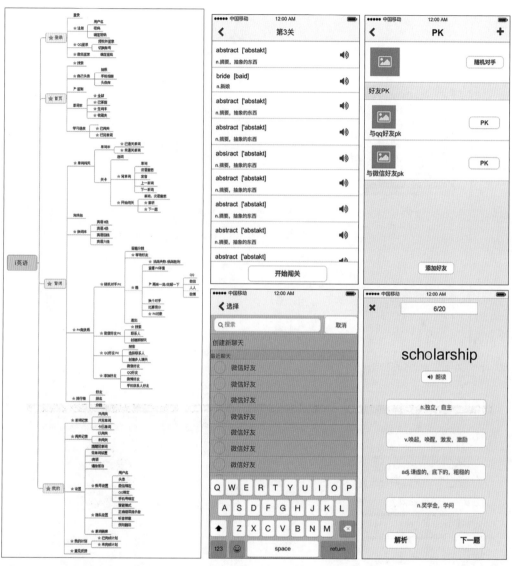

图4-45　逻辑思维导图　　　　　图4-46　低保真原型（部分）

图4-47　启动图标和启动页

图4-48　高保真原型（部分）

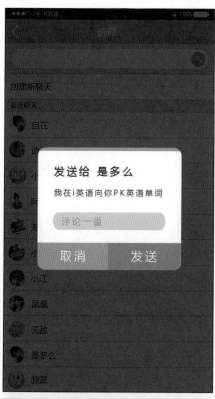

图4-49　高保真原型（部分）

4.7 | 交互设计案例欣赏

案例："佳聆音乐"交互设计欣赏。其逻辑思维导图、低保真原型、交互布局图、启动图标和启动页、高保真原型分别如图4-50~图4-55所示。

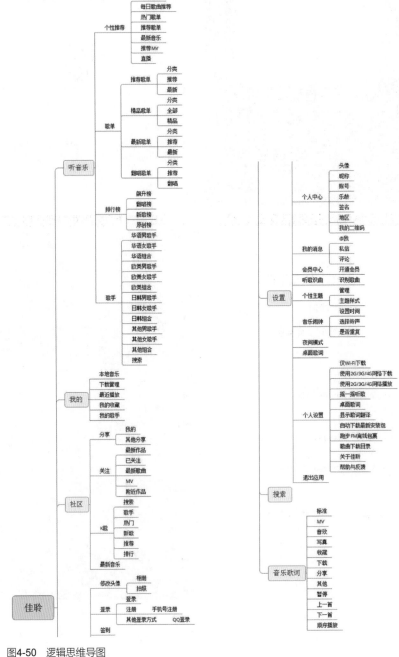

图4-50　逻辑思维导图

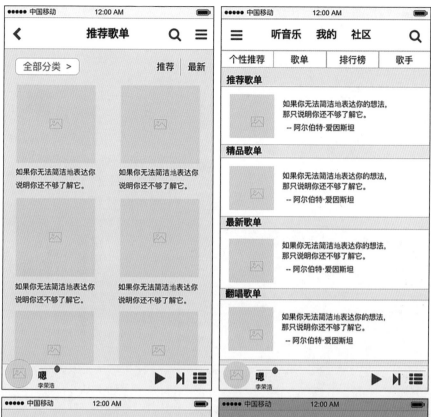

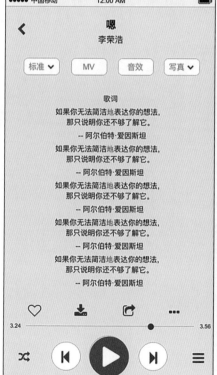
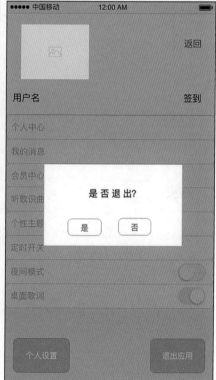

图4-51 低保真原型（部分）

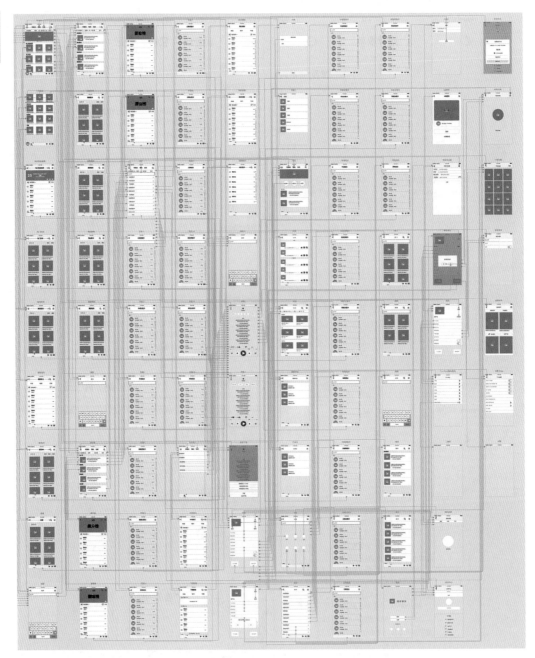

图4-52　交互布局图

图4-53 启动图标和启动页

图4-54 高保真原型（部分）

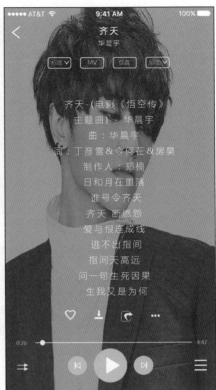

图4-55　高保真原型（部分）